NASA TV と VOA で
聞き読み
宇宙の
英語ニュース入門

小惑星衝突実験から
宇宙旅行、
安全保障まで、
宇宙の話題が
よくわかる！

株式会社アクセルスペース・解説協力
コスモピア e ステーション編集部・編

コスモピア

はじめに

　宇宙。それはこれまで私たちの頭上に広がりつつも、物理的にも経済的にも遥か遠く、普通では手の届かない領域のものでした。しかし近年宇宙ビジネスの進展に伴って、「宇宙」はこれまでよりもより身近なものとなってきました。もちろん宇宙ビジネス以外でも、アルテミス計画をはじめとして宇宙に関する話題には新しいものがどんどん登場してきます。

　本書では、それら宇宙に関する話題について解説していきつつ、アメリカの国営放送「Voice of America」（VOA）やNASA（アメリカ航空宇宙局）が配信するNASA TVを題材に、英語で宇宙に関するニュースを聞いたり読んだりすることができるように学習素材をまとめています。宇宙は天文学や経済ニュースだけでなく、映画のテーマとして扱われることも多いため、英語学習をする方にとっては比較的とっつきやすいテーマではないでしょうか。

　また本書では、特に近年勢いを増しつつある宇宙ビジネスについて、人工衛星の打ち上げ・運用ソリューションビジネスを展開する株式会社アクセルスペース様（https://www.axelspace.com/）に解説を寄稿していただきました。2008年から人工衛星を中心としたビジネスを手がける同社の解説は宇宙をめぐる最新の情報満載でおおいに学べる内容になっていますので、ぜひ楽しんでお読みいただければと思います。

本書の読者ターゲットは、主に以下のような方たちです。

- 高校レベル以上の英語を学んでおり、この機会にもう少し広いテーマを用いて英語を学びたい方
- 宇宙に関連するビジネスや社会情勢について、英語で情報（特にニュース記事）を集めたい方
- 宇宙全般に興味があり、できれば宇宙をテーマに英語を学んでみたい方

　ひとくちに「宇宙」と言っても、取り上げることができる話題は多種多様なものです。本書で紹介できるのはそれぞれの話題の基本事項にはなりますが、それでも今後の宇宙をテーマとした英語学習には十分役立つでしょう。

　また本書で紹介する記事はすべて、弊社が提供するサービス「e ステーション」にて利用することができます（有料）。本サービスには本書で紹介する記事以外にも数多くの宇宙関連コンテンツが掲載されていますので、ぜひご活用ください。

2023 年 7 月吉日
コスモピア e ステーション編集部

CONTENTS

Part 1

「宇宙はいま、どうなってる?」 16

Photo: billyfam/stock.adobe.com

Part 2
空間としての宇宙 60

Image:NASA

Part 3
ビジネスの場としての宇宙　　134

Image:NASA

Part 4
宇宙を巡る国際関係   194

Photo:NASA/David C. Bowman

本書の構成と使い方

Part ごとのとびら

本書では、宇宙に関するトピックと関連するニュース記事について、4 つの Part に分けて解説・紹介します。

それぞれのグループ名です。

各 Part についての解説です。ここで各 Part で取り上げるトピックを確認したうえで、それぞれの解説ページに進んでください。

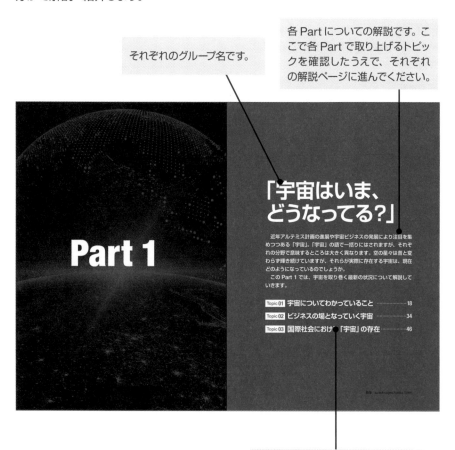

Part 1

「宇宙はいま、どうなってる?」

近年アルテミス計画の進展や宇宙ビジネスの発展により注目を集めつつある「宇宙」。「宇宙」の語で一括りにはされますが、それぞれの分野で意味するところは大きく異なります。空の星々は昔と変わらず輝き続けていますが、それらが実際に存在する宇宙は、現在どのようになっているのでしょうか。

この Part 1 では、宇宙を取り巻く最新の状況について解説していきます。

この項目で解説するトピックの一覧です。

トピック解説

宇宙に関する話題を理解するために取り上げる、15 のトピックについて解説します。

このページで解説する
トピックのタイトルです。

解説しているトピックに関係
する写真を掲載しています。

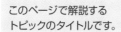

Topic 01

宇宙についてわかっていること

What We Know about "Space"

古くから、**宇宙**（space）はわれわれ人類を魅了してやまない存在でした。ストーンヘンジやピラミッド、マヤ文明の暦のように、遥かな古代から人々は**天体**（astronomical object）を観測し、偉大な文明を築き上げてきました。科学技術の躍進やまない 2023 年現在、私たちは宇宙についてどれほどの知識を得ることができたのでしょうか。

望遠鏡や天体観測衛星をはじめとして、宇宙を観測する技術は日々進歩しており、宇宙に関する新たな発見を捉えています。2021 年に打ち上げられた**ジェームズ・ウェッブ宇宙望遠鏡**（James Webb Space Telescope, JWST）は宇宙誕生の最初期段階の**銀河**（galaxy）の候補を発見し、宇宙誕生の秘密に謎を投げかけました。かつて観測不能とされた**ブラックホール**（black hole）も、2019 年には直接的な撮影に成功しました。また、**ボイジャー1号と2号**（Voyager 1・2）は太陽系を離れ、45 年以上にわたる壮大な**恒星間**（interstellar）探査の旅を続けています。さらに近年発展した AI 技術は解析技術の大幅な効率化をもたらしており、人間の目では確認しきれないような膨大か瞬間的な情報をもとにした新たな発見もされるでしょう。**天文学**（astronomy）は日々新たな領域へとその手を伸ばしています。

一方で**有人宇宙探査**（manned space exploration）の発展は、あまり華々しくないように見えるのではないでしょうか。意外に思うかもしれませんが、現在人類が訪れることのできる最大距離である宇宙ステーションは、高度 400km という地球にごく近い場所にあります。かつて人類が到達した月は距離約 38 万 km、最も近い惑星である火星は最小でも 5580 万 km の距離があります。これらの距離と比べると、現在の宇宙開発の範囲はあまりにも狭く感じるかもしれません。2017 年に発表された「アルテミス計画」では、その範囲をより遠くまで広げることが目指されています。これは**月面**（lunar surface）に拠点を確立し、そこで持続的な活動を行った後に火星を目指すという壮大な計画です。SF で描かれるようなテラフォーミング（惑星地球化）とまでは至りませんが、人類が月で生活することは近い将来の話となりつつあります。

宇宙といえばもう 1 つ、宇宙にあまり興味のない人でも、**宇宙人**（alien）の存在については考えたことがあるのではないでしょうか。生命体そのものは発見されていませんが、生命の構成要素はすでに宇宙空間で多数発見されています。月の南極や火星の地中、水星の衛星などさまざまな場所で、生活活動に必要とされる「水」が水の状態で発見されています。また近年では、水に加えて重要となる「**有機物**（organic matter）」も見つかりました。2022 年に日本の探査機「はやぶさ 2」が持ち帰った小惑星の試料から、アミノ酸が発見されています。より遠く、よりさまざまな方法で宇宙を探索できるようになった現在、観測技術の発展に伴い、地球外生命体の存在が見つかる日も遠くないのかもしれません。

現在の天文学では、新たな発見が続々と行われており、宇宙の謎が解明されつつあります。しかし、まだまだ解明されていない謎も多く残されており、今後の研究や技術の発展が待たれます。また、宇宙探査は科学的な価値だけでなく社会的な側面も持ち合わせており、今後私たちの生活や未来に大きな影響を与えていくことでしょう。

1977 年に打ち上げられたボイジャー 1 号は予定された木星と土星の探査を終えたのち、星間空間の旅に向かいました。太陽圏を越えてきたボイジャーからは、貴重な宇宙探査データが日々送られています。
Image: NASA

ピックアップ テーマ を深掘るキーワード

宇宙について探求する学問

astronomy 天文学（地球を除く、さまざまな天体について研究する学問）

astronomical object 天体（恒星や惑星に限らず、宇宙空間の物体全般を指す）

moon 自然衛星（Moon と大文字にする場合は地球の衛星である月を指す）

space science 宇宙科学（天体に限らず、宇宙での現象を総合的に研究する学問）

planetary science 惑星科学（地球を含む惑星・衛星などの振る舞い・形成過程について研究する学問）

geoscience 地球科学（地球上や地中の環境について研究する学問）

cosmology 宇宙論（宇宙の誕生や生成過程、その行く末について考える分野）

Big Bang ビッグバン（宇宙誕生時に起きたとされる爆発的な膨張現象を指す）

宇宙探求の手段

space probe 宇宙探査機

spacecraft 宇宙機（人工衛星やスペースシャトルなど、宇宙空間における飛行を目的とする機体全般を指す）

James Webb Space Telescope (JWST) ジェームズ・ウェッブ宇宙望遠鏡（ハッブル宇宙望遠鏡（Hubble Space Telescope）の後継機。性能はハッブル宇宙望遠鏡の数十倍と言われている）

18

19

それぞれのトピックについて
の解説文です。

このトピックについてさらに
調べたい場合に活用してほし
いキーワードの一覧です。

ニュース記事（NASA TV・VOA）

本書では各トピックの解説の後に、関係するニュースを紹介しています。ニュースは NASA TV と、VOA（Voice of America）の2つから紹介されます。NASA TV はアメリカ航空宇宙局 NASA 配信のオンラインニュースで、VOA はアメリカの国営放送です。これらのニュースは Web 上から誰でもアクセスできますが、本書では効率的な英語学習をするために、厳選した英文を載せ、語注および記事本文の翻訳を作成・掲載しています。このニュース記事を使って「**音声を聞きながら英文を黙読する**」→「**テキストを音読する**」→「**わからないところは語注・翻訳を参照して確認する**」という流れで学習することで、英語を読む力・聞く力を伸ばすことができます。

ニュースが配信された日付です。

掲載しているニュースの概要です。ニュースを聞き読みする前に、内容をイメージするためにご利用ください。

ニュースの英語タイトルと翻訳タイトルです。

ニュースの Web ページです。下にある二次元バーコードから URL を読み込むことができます。

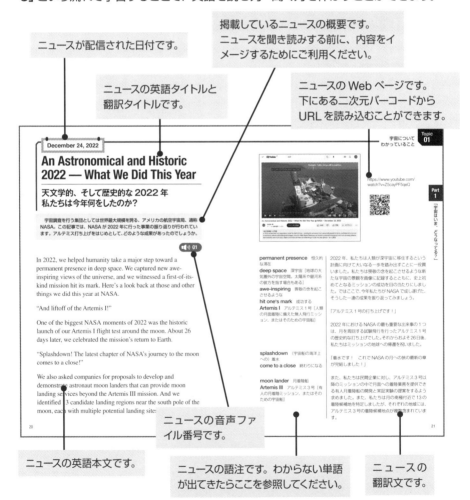

ニュースの音声ファイル番号です。

ニュースの英語本文です。

ニュースの語注です。わからない単語が出てきたらここを参照してください。

ニュースの翻訳文です。

◀))ダウンロード音声ファイル一覧

［無料］音声を聞く方法

音声をスマートフォンやパソコンで、
簡単に聞くことができます。

方法1 ストリーミング再生で聞く場合

面倒な手続きなしにストリーミング再生で聞くことができます。

このサイトに
アクセスするだけ！ **https://bit.ly/nasa-voa**

※ストリーミング再生になりますので、通信制限などにご注意ください。
　また、インターネット環境がない状況でのオフライン再生はできません。
※アプリ等を使用して音声を聞きたい場合は、サイトの案内にしたがって
　端末を操作してください。

方法2 パソコンで音声ダウンロードする場合

パソコンで mp3 音声をダウンロードして、スマホなどに取り込む
ことも可能です。
※スマホなどへの取り込み方法はデバイスによって異なります。
※お使いの機種によっては音声を正常に取り込めない場合がございます。

1 下記のサイトにアクセス

https://www.cosmopier.com/
download/4864541954

2 パスワードの【Z2TBRQ】を入力する

音声は一括ダウンロード用圧縮ファイル（ZIP 形式）でのご提供です。解凍し
てお使いください。

電子版を使うには

音声ダウンロード不要
ワンクリックで音声再生！

本書購読者は電子版を
無料でご使用いただけます！
音声付きで
本書がそのままスマホでも
読めます。

電子版のダウンロードには
クーポンコードが必要です
詳しい手順は下記をご覧ください。
右下の QR コードからもアクセスが
可能です。

電子版無料引換クーポンコード
zN8ivg

ブラウザベース（HTML5 形式）でご利用
いただけます。

★クラウドサーカス社 ActiBook電子書籍
　（音声付き）です。

●対応機種
・PC（Windows/Mac）　・iOS（iPhone/iPad）
・Android（タブレット、スマートフォン）

電子版ご利用の手順

❶以下 URL より、本書電子版の商品ページにアクセス
　してください。

https://www.cosmopier.net/products/detail/1749

❷「カートに入れる」をクリックしてください。

❸「カートへ進む」→「レジに進む」と進み、「ご注文手続き」画面へ。

　※「ご注文手続き」画面に進むには、コスモピア・オンラインショップでの
　　会員登録（無料）・ログインが必要です。

❹「クーポン」欄に、本ページにある電子版無料引換クーポンコードを入力し、
　「確認する」をクリックしてください。

❺０円になったのを確認してから、「注文する」をクリックしてください。

❻ ご注文完了後、「マイページ」の「購入した電子書籍・ダウンロード商品の閲覧」
　にて、本書電子版を閲覧することができます。

新展開を迎える宇宙開発と私たちの社会について

　1957年に旧ソ連の人工衛星「スプートニク1号（Sputnik 1）」が世界初の人工衛星として打ち上げられて以来、長らく国家機関が宇宙空間活用の主役でした。**当初の宇宙開発はアメリカと旧ソ連、両者間で繰り広げられた宇宙開発競争（Space Race）がその原動力となっていました。**その2国の競争以降も、宇宙機の打ち上げは膨大なコストを必要とすることから引き続き国家がその活動の中心を担ってきました。

　しかし近年、人工衛星打ち上げハードルの低下に伴って、宇宙ビジネスの推進者として民間企業が宇宙開発の前面に現れるようになってきました。もとよりロケットの開発・製造にはいくつもの民間工場が関わっていましたが、**打ち上げた宇宙機をどのように活用するか、という決定権を民間企業が持つようになったことが最も大きな進展です。**国際宇宙ステーションをはじめとした宇宙開発のインフラも民間へ開放され始めており、今後宇宙を中心としたビジネスに乗り出す企業はどんどんその数を増していくでしょう。

　もちろん、そのように人類が宇宙での活動可能領域を拡大するための取り組みにも新たな進歩がみられます。2019年に発表されたアルテミス計画（Artemis program）では、**地球から月へ、そして月から火星へと、人類の活動圏を広げることが**謳われました。アルテミス計画は着実に進みつつあり、有人宇宙飛行が今よりも低いハードルで行われるようになるのはそう遠くない未来なのではないでしょうか。

　とはいえ宇宙開発は明るい話題だけではありません。**宇宙開発は各国の安全保障に関わる事項でもあるため、**宇宙開発が平和的に進められているのか、国際情勢の話題にも目を向ける必要があります。

宇宙のニュースを理解するための切り口

　本書では宇宙に関するさまざまなニュースを英語で理解するために、それぞれの話題を「天文学・宇宙開発」「宇宙ビジネス」「国際関係」の3つにテーマに分け、解説していきます。

　天文学・宇宙開発（Part 2）：このテーマでは、宇宙に関する古くからの取り組みである天文学に関する最新の話題と、宇宙ビジネス展開の基礎となっている宇宙開発の取り組みについて解説します。

　宇宙ビジネス（Part 3）：このテーマでは、近年拡大している宇宙ビジネスについて、その拡大の契機や現在の取り組み、そして今後の展望について解説します。

　国際関係（Part 4）：このテーマでは、宇宙開発に関係する国際機関や既存の宇宙利用の枠組み、そして平和利用に向けた国際協調の取り組みについて解説します。

　Part 1では上記の各テーマについての概説を行っているため、まずはPart 1を読んだ後に、興味を持ったテーマを扱うPartを読み進めていくと良いでしょう。

　世界共通言語となっている英語を学習しつつ、近年目まぐるしい展開を見せる宇宙のニュースを理解するための一助として、本書をぜひお役立てください。

Photo: NASA/Christopher Perry

15

Part 1

「宇宙はいま、どうなってる？」

　近年アルテミス計画の進展や宇宙ビジネスの発展により注目を集めつつある「宇宙」。「宇宙」の語で一括りにはされますが、それぞれの分野で意味するところは大きく異なります。空の星々は昔と変わらず輝き続けていますが、それらが実際に存在する宇宙は、現在どのようになっているのでしょうか。

　この Part 1 では、宇宙を取り巻く最新の状況について解説していきます。

Topic 01

宇宙についてわかっていること

What We Know about "Space"

　古くから、**宇宙（space）**はわれわれ人類を魅了してやまない存在でした。ストーンヘンジやピラミッド、マヤ文明の暦のように、遥かな古代から人々は**天体（astronomical object）**を観測し、偉大な文明を築き上げてきました。科学技術の躍進やまない 2023 年現在、私たちは宇宙についてどれほどの知識を得ることができたのでしょうか。

　望遠鏡や天体観測衛星をはじめとして、宇宙を観測する技術は日々進歩しており、宇宙に関する新たな発見を捉えています。2021 年に打ち上げられた**ジェームズ・ウェッブ宇宙望遠鏡（James Webb Space Telescope、JWST）**は宇宙誕生の最初期段階の**銀河（galaxy）**の候補を発見し、宇宙誕生の秘密に新しい謎を投げかけました。かつて観測不能とされた**ブラックホール（black hole）**も、2019 年には直接的な撮影に成功しました。また、**ボイジャー1号と2号（Voyager 1・2）**は太陽系を離れ、45 年以上にわたる壮大な**恒星間（interstellar）**探査の旅を続けています。さらに近年発展したAI 技術は解析技術の大幅な効率化をもたらしており、人間の目では確認しきれないような膨大かつ瞬間的な情報をもとにした新たな発見もされるでしょう。**天文学（astronomy）**は日々新たな領域へとその手を伸ばしています。

　一方で**有人宇宙探査（manned space exploration）**の発展は、あまり華々しくないように見えるのではないでしょうか。意外に思うかもしれませんが、現在人類が宇宙を訪れることのできる最大距離である宇宙ステーションは、高度400km という地球にごく近い場所にあります。かつて人類が到達した月は距離約 38 万 km、最も近い惑星である火星は最小でも 5580 万 km もの距離があります。これらの距離と比べると、現在の宇宙開発の範囲はあまりにも狭く感じるかもしれません。2017 年に発表された「アルテミス計画」では、その範囲をより遠くまで広げることが目指されています。これは**月面（lunar surface）**に拠点を建設し、そこで持続的な活動を行った後に火星を目指すという壮大な計画です。SF で描かれるようなテラフォーミング（惑星地球化）とまでは至りませんが、人類が月で生活することは近い将来の話となりつつあります。

　宇宙といえばもう1つ、宇宙にあまり興味のない人でも、**宇宙人（alien）**の存在については考えたことがあるのではないでしょうか。生命体そのものは発見されていませんが、生命の構成要素はすでに宇宙空間で発見されています。月の南極や火星の地中、木星の衛星などさまざまな場所で、生命活動に必要とされる「水」が氷の状態で発見されています。また近年では、水に加えて重要となる「**有機物（organic matter）**」も見つかりました。2022年に日本の探査機「はやぶさ2」が持ち帰った小惑星の試料から、アミノ酸が発見されています。より遠く、よりさまざまな方法で宇宙を探索できるようになった現在、観測技術の発展に伴い、地球外生命体の存在が見つかる日も遠くないのかもしれません。

　現在の天文学では、新たな発見が続々と行われており、宇宙の謎が解明されつつあります。しかし、まだまだ解明されていない謎も多く残されており、今後の研究と技術の発展が待たれます。また、宇宙探査は科学的な価値だけでなく社会的な側面も持ち合わせており、今後私たちの生活や未来に大きな影響を与えていくことでしょう。

1977年に打ち上げられたボイジャー1号は予定された木星と土星の探査を終えたのち、星間探査の旅に向かいました。太陽圏を越えて飛行するボイジャーからは、貴重な宇宙探査データが日々送られています。
Image: NASA

ピックアップ　テーマ🔍を深掘るキーワード

宇宙について探求する学問

astronomy 天文学（地球を除く、さまざまな天体について研究する学問）

astronomical object 天体（恒星や衛星に限らず、宇宙空間の物体全般を指す）

moon 自然衛星（Moon と大文字にする場合は地球の衛星である月を指す）

space science 宇宙科学（天体に限らず、宇宙での現象全般について研究する学問）

planetary science 惑星科学（地球を含む惑星・衛星などの振る舞い・形成過程について研究する学問）

geoscience 地球科学（地球の構造や環境について研究する学問）

cosmology 宇宙論（宇宙の誕生や生成過程、その行く末について考える分野）

Big Bang ビッグバン（宇宙誕生時に起きたとされる爆発的膨張現象を指す）

宇宙探求の手段

space probe 宇宙探査機

spacecraft 宇宙機（人工衛星やスペースシャトルなど、宇宙空間における飛行を目的とする機体全般を指す）

James Webb Space Telescope (JWST) ジェームズ・ウェッブ宇宙望遠鏡（ハッブル宇宙望遠鏡［Hubble Space Telescope］の後継機。性能はハッブル宇宙望遠鏡の数十倍と言われている）

An Astronomical and Historic 2022 — What We Did This Year

天文学的、そして歴史的な 2022 年 私たちは今年何をしたのか？

宇宙調査を行う集団としては世界最大規模を誇る、アメリカの航空宇宙局、通称 NASA。この記事では、NASA が 2022 年に行った事業の振り返りが行われています。アルテミス打ち上げをはじめとして、どのような成果があったのでしょうか。

🔊 01

In 2022, we helped humanity take a major step toward a permanent presence in deep space. We captured new awe-inspiring views of the universe, and we witnessed a first-of-its-kind mission hit its mark. Here's a look back at those and other things we did this year at NASA.

"And liftoff of the Artemis I!"

One of the biggest NASA moments of 2022 was the historic launch of our Artemis I flight test around the moon. About 26 days later, we celebrated the mission's return to Earth.

"Splashdown! The latest chapter of NASA's journey to the moon comes to a close!"

We also asked companies for proposals to develop and demonstrate astronaut moon landers that can provide moon landing services beyond the Artemis III mission. And we identified 13 candidate landing regions near the south pole of the moon, each with multiple potential landing sites for Artemis III.

https://www.youtube.com/
watch?v=Z5cayPF5qeQ

permanent presence 恒久的な滞在

deep space 深宇宙［地球の大気圏外の宇宙空間。太陽系や銀河系の彼方を指す場合もある］

awe-inspiring 畏敬の念を起こさせるような

hit one's mark 成功する

Artemis I アルテミス1号［人類の月面着陸に備えた無人飛行ミッション、またはそのための宇宙船］

splashdown （宇宙船の海洋上への）着水

come to a close 終わりになる

moon lander 月着陸船

Artemis III アルテミス3号［有人の月着陸ミッション、またはそのための宇宙船］

2022年、私たちは人類が深宇宙に移住するという計画に向けて大いなる一歩を踏み出すことに一役買いました。私たちは畏敬の念を起こさせるような新たな宇宙の景観を画像に記録するとともに、史上初めてとなるミッションの成功を目の当たりにしました。ではここで、今年私たちがNASAで成し遂げた、そうした一連の成果を振り返ってみましょう。

「アルテミス1号の打ち上げです!」

2022年におけるNASAの最も重要な出来事の1つは、月を周回する試験飛行を行ったアルテミス1号の歴史的な打ち上げでした。それからおよそ26日後、私たちはミッションの地球への帰還を祝いました。

「着水です!　これでNASAの月への旅の最新の章が完結しました!」

また、私たちは民間企業に対し、アルテミス3号以降のミッションの中で月面への着陸業務を提供できる有人月着陸船の開発と実証実験の提案をするよう求めました。また、私たちは月の南極付近で13の着陸候補地を特定しましたが、それぞれの地域には、アルテミス3号の着陸候補地点が複数含まれています。

21

We released the Webb Space Telescope's first full-color images and spectroscopic data, showcasing Webb's ability to capture crisp, new views of our solar system and beyond.

We successfully demonstrated the first-ever planetary defense test, crashing a spacecraft into a moving asteroid, altering that asteroid's path of travel. And we helped establish the location for a drop-off spot on Mars, where rock and soil samples can be retrieved by a future mission and returned to Earth for study.

2022 was the 22nd continuous year with humans aboard the International Space Station. Congress passed a new law extending NASA's work on the station through at least September 2030.

Other human spaceflight activities from 2022 include commercial partner Boeing's uncrewed flight test to and from the station, continued crew rotation flights to the space station by partner SpaceX, NASA astronaut Mark Van De Hei's U.S. record-setting stay-in orbit, and the first NASA-enabled private astronaut mission to the space station.

Our space technology activities in 2022 included our Capstone spacecraft's arrival at the moon to test-drive the same unique orbit that the Gateway lunar outpost will fly.

(James) Webb Space Telescope ジェームズ・ウェッブ宇宙望遠鏡［2021 年に打ち上げられた赤外線観測用宇宙望遠鏡］

showcase 目立つように見せる

planetary defense （惑星としての）地球の防衛

drop-off spot 回収スポット

International Space Station 国際宇宙ステーション［1998 年に建設が始まり 2011 年に完成した、地球低軌道を周回する有人の宇宙ステーション］

uncrewed 無人の、人が搭乗しない

Capstone spacecraft キャップストーン探査機［月周回軌道を調査するために打ち上げられた小型探査機］

Gateway lunar outpost ゲートウェイ月周回有人拠点［月周回軌道上に建設が予定されている有人の宇宙ステーション］

私たちは、（ジェームズ・）ウェッブ宇宙望遠鏡によるものとして初めてとなるフルカラー画像と分光データを公開し、太陽系やその先の宇宙の新たな画像を鮮明に記録するウェッブ望遠鏡の能力の高さをはっきりと示しました。

私たちは、飛来する小惑星に宇宙探査機を衝突させて、その進行方向を変えさせるという史上初の惑星防衛の実験に成功しました。私たちはまた、火星におけるサンプル回収地点の場所を確定することに協力し、将来のミッションで岩石や土壌のサンプルを回収し、研究のために地球に持ち帰れるようにしました。

2022 年は、国際宇宙ステーションに人類が継続的に滞在し始めてから 22 年目となる年でした。連邦議会は、この宇宙ステーションでの NASA の業務を少なくとも 2030 年 9 月まで延長するという新たな法律を可決しました。

2022 年からのそのほかの有人宇宙飛行に関する活動には、民間企業パートナーであるボーイング社による宇宙ステーションへの往復の無人飛行試験や、パートナーの SpaceX 社による宇宙ステーションへの継続的な乗組員の交代のための飛行、NASA の宇宙飛行士マーク・ヴァンデハイによるアメリカ人宇宙飛行士として地球軌道上での最長滞在記録の樹立、そして NASA の支援による宇宙ステーションへの史上初の民間宇宙飛行ミッションなどが含まれます。

2022 年の私たちの宇宙開発技術に関する活動としては、ゲートウェイという月周回有人拠点が飛行することになる特別な軌道上で試験飛行をするために、私たちのキャップストーン探査機が月に到着したことが含まれていました。

We successfully demonstrated an inflatable heat shield that could help land heavier payloads on worlds with atmospheres, including Mars and Earth. And the agency's first two-way laser relay communications system began demonstrations. It could dramatically expand communications capabilities for future space exploration.

Work and missions that focused on Earth this past year include a new space station instrument that studies how atmospheric mineral dust affects the planet's temperature. We also released the first Earth Information Center concept to provide the information, resources and tools decision-makers need to respond to climate change. And we helped celebrate the Landsat program's 50 years of imaging Earth. The program has captured over 10 million images since it began.

On the aeronautics research front, our quiet Supersonic X-59 aircraft was outfitted with the engine that will power it to speeds up to Mach 1.4. Lithium-ion battery packs installed in our all-electric X-57 Maxwell aircraft successfully powered the plane's motors. And we continued partnerships to develop a system to safely transport people and cargo using revolutionary new aircraft that are only just now becoming possible.

NASA STEM-related activities in 2022 included the Lunabotics Junior Contest, which featured our Artemis missions. We announced the two national winners of the competition. An event hosted by the vice president featured NASA STEM education activities, a special screening of the Disney-Pixar film "Lightyear" and several NASA astronauts.

Topic
01

payload （宇宙船の）運搬能力。
貨物や乗組員、機器なども含む

mineral dust 鉱物ダスト［岩石
由来の微粒子］
Earth Information Center
地球情報センター［気候変動に対処
するために必要な地球環境に関する
情報を集約する機関］
Landsat ランドサット衛星
［1972年以降、継続的に打ち上げら
れている米国の地球観測衛星］

outfit with 〜を装備する

X-57 Maxwell aircraft X-57
マクスウェル航空機［NASAが開発
中の完全電気式の実験用航空機］

STEM 理数系（教育）［science,
technology, engineering, and
mathematics（科学、技術、工学、
数学）の頭文字をとったもの］
Lunabotics Junior Contest
青少年向け月面探査ロボット設計コ
ンテスト
"Lightyear" 『バズ・ライトイヤ
ー（邦題）』

私たちは、火星や地球のように、大気が存在する世
界に今までよりも重量のある運搬物を着地させると
きに役立つ膨張式耐熱シールドの実証実験に成功し
ました。そして、NASAの最初の双方向レーザー中
継通信システムの実証実験が始まりました。これに
よって、将来の宇宙探査における通信機能が劇的に
発展する可能性があります。

過去1年間の、地球に焦点を当てた活動とミッショ
ンには、大気中の鉱物ダストが地球の気温にどう影
響するのか調査する宇宙ステーション用の新しい装
置が含まれています。また、意思決定者が気候変動
に対応する場合に必要とする情報、リソース、ツー
ルを提供するための、「地球情報センター」のコン
セプトを初めて発表しました。また、私たちは地球
の画像を撮影してきたランドサット衛星の50周年
を祝いました。このプログラムは開始以来、1,000
万枚以上の画像を撮影してきました。

航空研究の面では、ほとんど騒音の出ないX-59超
音速航空機に、マッハ1.4まで加速できるエンジン
を搭載しました。完全電気式航空機のX-57マクス
ウェル航空機に搭載されたリチウムイオン電池は、
航空機のモーターに電力を供給することに成功しま
した。そして私たちは、ようやく実現可能となりつ
つある革新的な新型航空機を使い、人や貨物を安全
に輸送するシステムを開発するために、いくつかの
パートナーシップを継続しました。

2022年のNASAのSTEM（理数系）教育関連の
活動には、アルテミス計画を題材とする「青少年向
け月面探査ロボット設計コンテスト」が含まれて
いました。私たちは、その全国大会の優勝者2名
を発表しました。副大統領が主催したイベントで
は、NASAのSTEM教育活動、ディズニー／ピク
サー制作の映画『バズ・ライトイヤー』の特別上映、
NASAの宇宙飛行士数名が大々的に取り上げられま
した。

And we continued sharing knowledge about NASA missions and activities through a variety of Spanish-language social media accounts and websites in 2022. The 60th anniversary of John F. Kennedy's historic speech at Rice University was one of the most notable NASA-related anniversaries. The speech recommitted the nation to the goal of landing astronauts on the moon and returning them safely to Earth.

"President Kennedy knew that vision would be hard, not easy. And today in Space City, the Artemis generation stands ready, ready to return humanity to the moon and then to take us further than ever before to Mars."

Year in and year out, the work we do that extends our reach into the cosmos, results in breakthrough discoveries, and turns science fiction into science fact is work done to benefit you.

Those are some of the NASA activities from 2022. For more details, visit nasa.gov/2022.

Thanks for watching. Please have a safe, healthy and happy holiday season and we look forward to sharing more NASA highlights with you in 2023.

John F. Kennedy　人類の月面着陸計画を推進した米国第35代大統領

recommit　(計画などを)実行すると繰り返し宣言する

Space City　NASAジョンソン宇宙センターがある米国テキサス州ヒューストン市の別名

year in and year out　毎年のように

また、2022年もNASAのミッションや活動に関する情報を、さまざまなスペイン語によるソーシャルメディアのアカウントやウェブサイトを通じて発信し続けました。ジョン・F・ケネディがライス大学で行った歴史的な演説から60周年を迎えることは、最も注目に値するNASA関連の記念日の1つです。この演説は、宇宙飛行士を月面に着陸させ、安全に地球に帰還させるという目標を改めて国民に確約するものでした。

「ケネディ大統領は、目標が容易ではなく困難なものであることがわかっていました。そして今日、スペースシティにおいて、アルテミス世代には人類を月に再び送り込み、私たちをこれまでより遠く火星にまで連れて行ってくれる準備がすっかりできています」

毎年のように、私たちの活動は、その範囲を全宇宙に広げ、画期的な発見をもたらし、さらにSFの世界を科学的事実に変えていますが、それはみなさんに利益をもたらすために行われているのです。

以上のことが、2022年のNASAの活動の一部です。より詳しい情報については、nasa.gov/2022にアクセスしてください。

ご視聴いただきありがとうございました。安全で健康的な、そして楽しいホリデーシーズンをお過ごしください。2023年も、再びNASAの重要ニュースをお届けできることを願っております。

Scientists Find Elements of Life on an Asteroid

研究報告、小惑星に生命の構成要素を発見

天文学的な関心は、必ずしも地球の外だけに向けられるものではありません。宇宙空間における惑星「地球」の特殊性もその関心の対象です。この記事では、地球が持つ特殊性の一つ、生命の誕生に目を向けた研究が紹介されています。

🔊 02

Two chemical compounds necessary to living organisms have been found in material from the asteroid Ryugu.

The Japanese spacecraft Hayabusa2 collected the materials and sent them back to Earth.

The findings from an international group of scientists support the idea that some elements of life arrived on Earth from asteroids billions of years ago.

Scientists said on Tuesday they discovered uracil and niacin in rocks collected by a Japanese Space Agency aircraft. The samples came from two places on Ryugu in 2019.

Uracil is one of the chemicals present in RNA. RNA is a molecule carrying directions for building and operating living organisms. Niacin, also called Vitamin B3 or nicotinic acid, is important for metabolism.

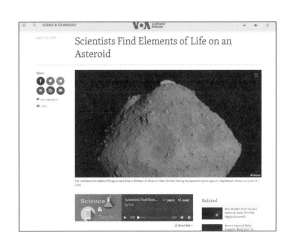

https://learningenglish.voanews.
com/a/scientists-find-elements-of-
life-on-an-asteroid/7016838.html

asteroid 小惑星
chemical compound 化合物
Ryugu リュウグウ（地球近傍小
惑星の１つ。宇宙航空研究開発機構
[JAXA] が実施する小惑星探査プロ
ジェクト「はやぶさ２」の対象天体）
Hayabusa2 はやぶさ２（探査
機「はやぶさ」の後継機。有機物や
水のある小惑星を探査して生命誕生
の謎を解明するために開発された）

uracil ウラシル（あらゆる地球生
命の核酸 RNA を構成している有機
塩基４つのうちの１つ）
niacin ナイアシン（水溶性ビタ
ミンＢ群の１つで、ニコチン酸とニ
コチンアミドの総称）
Japanese Space Agency 日
本の宇宙航空研究開発機構（JAXA）
molecule 分子
nicotinic acid ニコチン酸
metabolism 代謝

生命体に必要な化合物が２種類、小惑星リュウグウ
から届いた物質の中に発見されました。

このサンプルは、日本の探査機「はやぶさ２」が採
集して地球に持ち帰ったものです。

国際研究チームによるこの発見は、地球における生
命の素となるものが数十億年前に小惑星から届いた
という説を裏付けるものです。

研究者たちは火曜日（３月 21 日）、日本の宇宙航空
研究開発機構 JAXA の探査機が採集した岩石の中
にウラシルとナイアシンが発見されたと発表しまし
た。このサンプルは 2019 年にリュウグウの２カ所
で採取されたものです。

ウラシルは RNA（リボ拡散）に含まれる化学物質
の１つです。RNA は生物を形成し操作する情報を
含む分子です。ナイアシンはビタミン B3 またはニ
コチン酸とも呼ばれ、代謝のために不可欠です。

The Ryugu samples traveled 250 million kilometers back to Earth and returned to Earth's surface in a container. The container landed in December 2020 in Australia.

Scientists, for a long time, have aimed to understand the conditions necessary for life on Earth after it formed about 4.5 billion years ago. Bodies like comets, asteroids and meteorites struck the Earth at that time. The new findings support the theory that those bodies provided the planet with compounds that helped create the first organisms.

Scientists had found organic molecules in meteorites found on Earth. But it was not clear whether those space rocks had been affected by Earth's environment after landing.

"We suspect (uracil and niacin) had a role in…evolution on Earth and possibly for the emergence of first life," said astrochemist Yasuhiro Oba of Hokkaido University in Japan. An astrochemist studies chemistry in places other than Earth. He is lead writer of the research published in Nature Communications.

RNA is short for ribonucleic acid. Uracil is necessary to form RNA, a group of molecules present in all living cells and very important for the activity of genes. RNA is similar to DNA, the molecules that carry an organism's genetic instructions.

Niacin is important for metabolism and can help produce the "energy" that powers living organisms.

リュウグウで採集されたサンプルはカプセルに入れられて2億5000万キロ離れた地球まで持ち帰られ、2020年12月にオーストラリアに到着しました。

研究者たちは長年、約45億年前に地球が誕生したあと、生命誕生に必要な条件は何だったのかを解明しようとしてきました。その時代には彗星や小惑星、隕石などの天体が地球に衝突していました。今回の発見は、そのような天体のおかげで地球で最初の生物誕生を助ける化合物が生まれたという説を裏付けています。

研究者たちは、地球で発見された隕石の中に有機分子を検出しています。しかし、そのような隕石が地球到達後に、地球の自然環境の影響を受けたかどうかは不明です。

「(ウラシルとナイアシンが)地球上の進化に関与し、その結果、最初の生命が誕生したのではないかと考えられる」北海道大学の宇宙化学者、大場康弘氏はそう述べています。宇宙化学者とは、地球外環境における化学物質・現象を研究する人たちです。大場氏は科学誌『ネイチャー・コミュニケーションズ』に発表された今回の研究報告の主著者です。

RNA は ribonucleic acid（リボ拡散）の略称です。ウラシルは RNA の構成に必要な分子です。RNA はすべての生物の細胞内に存在する一群の分子で、遺伝子活性化のために非常に重要です。RNA は生物の遺伝子情報を運ぶ分子 DNA（デオキシリボ核酸）と構造的によく似ています。

ナイアシンは代謝のために重要で、生物にパワーを与える「エネルギー」の産生を補助します。

body　天体
comet　彗星
meteorite　隕石
the planet　地球

astrochemist　宇宙化学者
Nature Communications
『ネイチャー・コミュニケーションズ』
（2010年より Nature Research によって発行されているオープンアクセスの学術雑誌。自然科学の全分野を扱い、掲載には非常に高いレベルの学術的価値が求められる）
ribonucleic acid　リボ核酸
activity of genes　遺伝子の活性化

Oba said uracil and niacin were found at both landing sites on Ryugu. The asteroid is about 900 meters in diameter and is considered a near-Earth asteroid. The amounts of the compounds were higher at one of the places than the other on the asteroid.

Asteroids are rocky space bodies that formed in the early period of the solar system. The researchers suggest that the organic compounds found on Ryugu may have been formed with the help of chemical reactions caused by starlight in icy materials in space.

I'm Dan Novak.

near-Earth asteroid 地球近
傍小惑星（地球軌道に近づく軌道を
持つ小惑星）

solar system 太陽系
chemical reaction 化学反応
starlight 星光
icy materials 極低温の物質

大場教授によれば、ウラシルとナイアシンはリュウ
グウの2着陸地点のどちらでも発見されています。
リュウグウは直径約900メートルで、地球近傍小
惑星の1つです。今回、検出された有機化合物は、
リュウグウの2カ所のうち1カ所のほうが他方より
も多かったと報告されています。

小惑星は太陽系の初期に形成された岩石の天体で
す。研究者たちは、リュウグウで発見された有機化
合物は、宇宙に存在する「極低温の物質」が星の光
によって化学反応を起こして生成された可能性があ
ると述べています。

ダン・ノバックがお伝えしました。

ビジネスの場となっていく宇宙

解説：株式会社アクセルスペース

"Space" Becoming a Place for Business

　宇宙ビジネスと聞いて、どのような分野を想像するでしょうか。宇宙滞在や宇宙探査などでしょうか。最近ニュースで宇宙ビジネスの話題を聞くことが増えたと感じる人も多いかもしれません。**人工衛星（satellite）**の打ち上げや有人宇宙飛行、月や惑星の探査などの宇宙開発は、人工衛星の実現による通信網の拡大を目指し、1950年代に人工衛星の開発と打ち上げに成功して以降、1990年頃までは国家が推進するものでした。人工衛星の実現による通信網の拡大を目指し、近年、政府系機関や伝統的な航空宇宙産業以外の、**ニュースペース（New Space）**と呼ばれるスタートアップ企業や大手IT企業をはじめとする新興の民間企業が進める宇宙開発により、宇宙ビジネスの裾野が広がる動きが出てきています。

世界での宇宙ビジネスの市場規模は、2010年の約27兆円から2019年には約40兆円まで成長しました。今後もこのペースで宇宙ビジネスの拡大が進めば2040年代には約100兆円以上に達すると言われています。また、宇宙ビジネス全体の約74%を占めるのが人工衛星に関連するビジネスです。

　では、宇宙ビジネスの約4分の3を占める人工衛星関連のビジネスとはどんな分野があるのでしょうか。まず、衛星から撮影した画像や衛星から得られるさまざまな情報の販売や、それらのデータを処理・分析する衛星データ利用サービスがあります。この分野には、**リモートセンシング（remote sensing）**や、GPSのような位置情報サービスが含まれます。また、宇宙の映像の撮影や、エンターテインメントに活用される宇宙技術・空間利用サービスや、宇宙関連の教育やコンサルティングサービス事業などはみなさんも目にしたり、体験されたことがあるかもしれません。

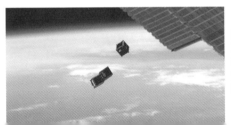

左の写真は、国際宇宙ステーションから小型人工衛星が送り出される様子。人工衛星の小型化・低コスト化が進んだことにより、民間企業も宇宙経済に進出できるようになりました。
Photo: NASA

みなさんの手元にデータやサービスを届けるために必要な人工衛星のインフラを構築し、運用するサービスには、人工衛星の開発や製造、低中軌道衛星**コンステレーション（constellation）**の構築や、地上側の設備や端末に関連する製造・サービス事業があります。ここには GPS をはじめとした **GNSS（Global Navigation Satellite System、全地球航法衛星システム）**受信機や衛星放送用のアンテナも含まれます。これらが存在しないと、衛星データ利用サービスや宇宙技術・空間利用サービスに活用されるデータを地球に届けることができません。

人工衛星以外の宇宙ビジネスの分野には、「**軌道上サービス（in-orbit service）**」や「**輸送（transport）**」、「宇宙旅行・滞在・移住」、「探査・資源開発」などがあります。「軌道上サービス」は地球周辺や軌道など、宇宙空間上の人工物に対するビジネスのことで、衛星の寿命を延長させるサービスや、**デブリ（debris）**の除去、宇宙空間での研究開発や製造を指します。「輸送」サービスは宇宙空間に人や物を輸送するビジネスやその関連事業のことで、ロケットなどの開発・製造や人工衛星や**有人（manned）**の打ち上げサービスのことを指します。また、ここまで見てきたすべてのサービスに関連するビジネスとして、近年**宇宙保険（space insurance）**の分野も拡大してきています。

民間宇宙旅行に参加する金銭的ハードルはいまだ高いままですが、宇宙経済が進展するにつれて、そのハードルは下がっていくかもしれません。
Photo: Delphotostock/stock.adobe.com

 ピックアップ テーマ を深掘るキーワード

宇宙ビジネスに関係する用語

space industry 宇宙産業（宇宙機の製造・打ち上げを中心として、それらを活用したサービスも含めた産業分野）

space economy 宇宙経済（宇宙空間を中心として展開される経済活動を指す）

market size 市場規模

annual report 年次報告書（企業や政府機関などが発行する、前年までの活動がまとめられた報告書）

宇宙ビジネスに向けた技術

artificial satellite 人工衛星（単に satellite で人工衛星を指すことが多い）

launch vehicle ロケット（ペイロードを宇宙に輸送する機体の総称。rocket と表記する場合、推進装置のみを指すことが多い）

weight reduction 軽量化

remote sensing リモートセンシング（単純なカメラ撮影だけでなく赤外線などの電磁波を用いた、遠隔による観測も指す）

NASA's SpaceX Crew-6 Mission to the Space Station

スペース X Crew-6 NASA の宇宙ステーションへのミッション

宇宙開発の最先端を行く NASA ですが、近年は SpaceX 社を筆頭として宇宙関連企業が注目を集めています。この記事では、NASA と提携する SpaceX のクルーたちが、宇宙へ飛び立つことへの期待を語ります。

🔊 03

"We're going to be busy. We're going to be tired, but it's going to be a lot of fun." "I think as a first-time flyer, there's a certain component of uncertainty that's hard to remove. The training's been incredible and so I feel prepared." "Four, three, two, one, zero ... ignition." And liftoff!

It's all for the sake of science and it's all for the push towards the boundaries of exploration, towards space. It's everything from fundamental scientific research to looking back at Earth to innovations.

In weightlessness, things burn differently and if you really think about things like vehicle design, we're often constrained by flammability requirements. So studies are enormously important for enabling us to push the envelope in the future a bit more.

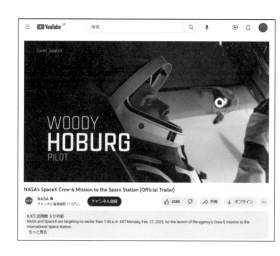

https://www.youtube.com/
watch?v=C1eTfdwYPg4

SpaceX Crew-6 Mission
スペースX Crew-6［アメリカの民
間宇宙企業スペースXが開発した有
人宇宙船クルードラゴンによる有人
軌道飛行ミッション］

ignition 点火、着火、発火

liftoff （宇宙船などの）打ち上げ

for the sake of ... （目的など
を表して）〜のために

boundaries 限界、範囲
（boundary の複数形）

fundamental 基本の、基礎の

innovation 革新、イノベーション

weightlessness 無重力（状態）

constrain 〜を制限する、無理
に〜させる

flammability 可燃性、引火性

requirement 要件

enable ... to do …が〜するの
を可能にする

push the envelope 限界に挑
む、許容範囲を広げる

a bit いくらか、少しだけ

「忙しくなりそうだな。疲れそうだな。でも、とて
も楽しいはずだ」「初めて飛行するのだから、取り
除くのが難しい不安要素はあるよね。でも、信じら
れないほど素晴らしい訓練を積んだから、準備万端
っていう感じだ」「4、3、2、1、0……点火」
そして発進！

それはすべて科学のためであり、探査の限界、宇宙
に向かって押し進めるためです。基礎科学研究から
地球を振り返ってのイノベーションまで、あらゆる
ものです。

無重力の中では、物の燃え方も異なります。乗り物
の設計といったことを本当に考えるなら、可燃性の
要件によって制約を受けることがしばしばあるので
す。だから、将来の限界をもう少しだけ押し広げる
ことができるよう、研究が非常に重要なのです。

We're going to potentially swab the outside of the space station to try to get a sense of what sorts of biological material might be out on the outside of the space station, and that's relevant for planetary protection when we think about going to Mars.

Potentially, we have Crew Flight Test coming up with the Boeing vehicle, followed by Axiom 2. The fact that we'll have two companies able to provide the opportunity to reach low-Earth orbit will change the way we look at how we fly to space.

"First Arab mission — it's a great privilege yet it's a great responsibility."

"It'll be exciting, that's for sure."

"Go Falcon! Let freedom ring!"

swab ～をふく・ふき取る

get a sense of ... ～を感じ取る、～の感覚を得る

relevant 適切な、関連する

Crew Flight Test Boeing Crew Flight Test のこと。ボーイング社による有人宇宙船の乗員輸送テスト

Axiom 2 = Axiom Mission 2 (Ax-2)。2023 年 5 月予定の、Axiom Space 社による国際宇宙ステーションへの乗員輸送ミッション

low-Earth orbit 地球低軌道（通常、地上 200km から 1000km の円軌道）

First Arab mission スペース X Crew-6 ミッションに参加したスルタン・アル・ネヤディ（Sultan Al Neyadi）が、アラブ諸国からの初の宇宙飛行士だったことを指す

privilege 名誉

for sure 確かに

Falco スペース X Crew-6 のミッションで打ち上げられるファルコン 9 号ロケットを指すと思われる

宇宙ステーションの外側にどんな生物由来の物質があるのかを把握するために、宇宙ステーションの外側をふき取る可能性もあります。これは火星に行くことを考えると、惑星保護にも関連してきます。

可能性として、ボーイング社の宇宙船でのクルー・フライト・テストが行われ、その後に Axiom 2 が続くかもしれません。2 つの企業が地球低軌道に到達する機会を提供できるようになるという事実は、宇宙飛行の方法に対する見方を変えるでしょう。

アラブ初のミッション、それは素晴らしい名誉であり、大きな責任でもあります。

エキサイティングであることは間違いありません。

「行け、ファルコン！　自由の鐘を鳴らせ！」

June 8, 2019

Opening the International Space Station for Commercial Business on This Week

NASA が今週、国際宇宙ステーションでの営利事業を開始

国際宇宙ステーションは 2011 年の運用開始から、宇宙開発や科学研究に重点を置いた運用がされてきました。この記事では、その宇宙ステーションが商用化に向け民間に開放された週の出来事が紹介されています。

The International Space Station is open for commercial business … Another space station resupply mission successfully completed … And making a virtual landing on the Moon … a few of the stories to tell you about — This Week at NASA!

The International Space Station is now open for commercial business. A new policy, announced during a June 7 news conference at Nasdaq in New York City, provides the opportunity for up to two short-duration private astronaut missions to the space station beginning as early as 2020, if the market supports it.

The policy also, for the first time, includes prices for use of U.S. government resources to pursue commercial and marketing activities aboard the station.

https://www.youtube.com/
watch?v=y7Z6R7DZFUs

International Space Station
国際宇宙ステーション
resupply　再び供給する、補給する
successfully　うまく、首尾よく
make a landing　着陸を行う
This Week at NASA　「今週の
NASA」[NASA が提供する週次の
ニュースレポート]
news conference　記者会見
Nasdaq　ニューヨーク市マンハ
ッタンにある Nasdaq マーケット
（NASDAQ）のビルを指している
short-duration　短期間の
private　民間の
resources　資源（この意味で使
用する場合は複数形を用いる）
activities　活動、仕事、事業
aboard　〜に乗って

国際宇宙ステーションは営利事業を開始しています
……宇宙ステーションへのもう一つの補給ミッショ
ンも無事完了……そして月面への仮想着陸…みなさ
んにお伝えしたいストーリーのいくつか──今週の
NASA です！

国際宇宙ステーションは今、営利事業を始めました。
新たな方針が 6 月 7 日、ニューヨーク市のナスダッ
クでの記者会見の中で発表されました。市場の支持
があれば、早ければ 2020 年から、民間宇宙飛行士
が最大 2 回まで短期ミッションで宇宙ステーション
に行く機会を提供することになります。

この方針には、初めてのこととして、宇宙ステーシ
ョン上で営利とマーケティングの活動を推し進める
ために合衆国政府のリソースを使用するための価格
も含まれています。

Our goal is to foster a robust ecosystem in low-Earth orbit from which we can purchase services as one of many customers. This will allow us to focus resources on our Artemis missions to land the first woman and next man on the Moon by 2024.

Our commercial partner, SpaceX completed its 17th resupply mission to the International Space Station on June 3.

The company's Dragon cargo spacecraft — loaded with 4,200 pounds of valuable scientific experiments and other cargo — was released from the station's robotic arm at 12:01 p.m. EDT, and splashed down a little more than five-and-a-half hours later in the Pacific Ocean.

U.S. Secretary of Education Betsy DeVos visited our Johnson Space Center, in Houston on June 5, to highlight a program through which education leaders and employers are narrowing the skills gap between workers and in-demand jobs.

During the visit, DeVos met with NASA leadership, had the opportunity to speak with our astronauts aboard the space station, and met with NASA interns interested in careers in aeronautics, science and engineering.

On May 31, our administrator Jim Bridenstine tried his hand at a virtual landing on the Moon in the ten-story Vertical Motion Simulator at our Ames Research Center in Silicon Valley. The cockpit design was configured like the Apollo Lunar Module, but can be customized to enable astronauts to train for future Moon landings with the most high-fidelity feeling they can get on this planet.

robust　たくましい、強い

ecosystem　エコシステム（「生態系」という意味だが、ビジネス分野では独立事業などが相互的に依存し合って 1 つのビジネス環境を構成する様子）

next man　初めて月面着陸をしたニール・アームストロングとバズ・オルドリンなどに続く「次の男性」という意味

Dragon　ドラゴン。スペース X 社開発の貨物輸送のための無人宇宙船

cargo spacecraft　貨物宇宙船

scientific experiment　科学実験装置（この experiment は可算名詞で「装置」）

EDT　（合衆国の）東部夏時間。= Eastern Daylight Time

splash down　（宇宙船が洋上に）着水する

U.S. Secretary of Education
合衆国教育省長官

Johnson Space Center　ジョンソン宇宙センター。テキサス州ヒューストンにある。有人宇宙飛行の訓練などを行っている

skills gap　技能格差、技能不足

intern　インターン、実習生

career　（専門的な）職業、（一生の）職

aeronautics　航空学

try one's hand at ...　～に挑戦してみる、～の腕試しをする

Vertical Motion Simulator　垂直運動シミュレーター。宇宙探査に関する活動のシミュレーションが可能

Ames Research Center　エイムズ研究センター。NASA の大規模な研究施設

configure　～を形成・配列する

customize　～を（用途・必要に

私たちの目標は、私たちが大勢の顧客の 1 人としてサービスを購入できるような、しっかりしたエコシステムを地球低軌道上に育てることです。これで、2024 年までに初の女性と前回に続く男性を月に着陸させるというアルテミス計画のミッションにリソースを集中させることができます。

私たちの商業パートナーであるスペース X 社は、国際宇宙ステーションへの 17 回目の補給ミッションを 6 月 3 日に完了しました。

この会社の貨物輸送宇宙船ドラゴンには、貴重な科学実験装置ほかの貨物 4200 ポンドが積まれていますが、この宇宙船が東部夏時間の午後 12 時 1 分に、ステーションのロボットアームから離され、5 時間半をわずかに過ぎた後に太平洋に着水しました。

合衆国教育省長官ベッツィー・デヴォスは 6 月 5 日、ヒューストンのジョンソン宇宙センターを訪れ、勤労者と需要のある仕事の間のスキルのギャップを教育指導者と雇用主が縮めようとするプログラムに焦点を当てた話をしました。

訪問中デヴォス氏は、NASA の指導部と面会し、宇宙ステーション内の宇宙飛行士たちと話す機会も持ちました。また、航空学や科学、エンジニアリングでのキャリアに関心を持っている NASA のインターンたちとも会いました。

5 月 31 日、NASA の長官ジム・ブライデンスタインは、シリコンバレーのエイムズ研究センターにある 10 階建て垂直運動シミュレーターで、仮想月面着陸の腕試しをしました。操縦室はアポロ月着陸船のように設計・構成されていますが、将来の月面着陸のために、宇宙飛行士がこの地球上で得られる忠実度の高い感覚で訓練できるようにカスタマイズされています。

Congresswoman Anna Eshoo also took part in the visit, to see how NASA in Silicon Valley is contributing to the effort to return to the Moon by 2024.

We've achieved a significant milestone in manufacturing the first large, complex core stage that will help power our Space Launch System, or SLS rocket on upcoming missions to the Moon.

Along with lead contractor Boeing, we've assembled four-fifths of the massive core stage needed to launch SLS and the Orion spacecraft on their first mission to the Moon: Artemis 1.

The Artemis program will send the first woman and the next man to the Moon by 2024 and develop a sustainable human presence on the Moon by 2028.

That's what's up this week at NASA … For more on these and other stories follow us on the web at nasa.

合わせて)改造・改変する
high-fidelity 忠実度の高い
congresswoman 女性下院議員
take part in ... 〜に参加する

milestone 画期的な出来事
core stage コアステージ。多段
式ロケットの中核となる段
power 〜に動力を供給する
Space Launch System (SLS)
スペース・ローンチ・システム。
NASA が開発・運用する大型ロケット
lead contractor 元請け業者
Boeing ボーイング社。シカゴに
本社を置く世界最大の航空・宇宙・
軍需関連の開発製造会社
Orion 宇宙船オリオン。NASA
がスペースシャトルの後継として開
発している
sustainable human presence
持続的な人類の存在(月での人類長期
滞在を可能にすることを指している)

この訪問には下院議員アンナ・エシューも同行し、
シリコンバレーにおいて NASA が 2024 年までに
月を再訪するという取り組みにどう貢献しているか
を視察しました。

私たちは、初の大型で複雑なコアステージの製造に
おいて重要で画期的な成果を上げました。このコア
ステージは、これからの月に向かうミッションでス
ペース・ローンチ・システム、つまり SLS ロケッ
トに動力を供給するのに役立ちます。

元請け業者であるボーイング社とともに私たちは、
巨大なコアステージの 5 分の 4 を組み立てました。
このコアステージは、SLS とオリオン宇宙機を、初
めての月へのミッションであるアルテミス 1 号のた
めに打ち上げる際に必要となるものです。

アルテミス計画では、2024 年までに初の女性と前回
に続く男性を月に送り、2028 年までに人類が持続的
に月にいられるようにすることを目指しています。

今週の NASA は以上です。この記事の内容につい
てのさらに詳しい情報、また他のストーリーについ
ては、NASA のウェブサイトをフォローしてくださ
い。

Topic 03

国際社会における「宇宙」の存在

"Space" in the Global Society

　宇宙開発と国際関係を切り離して考えることはできません。宇宙開発は単なる技術開発や科学研究のための活動ではなく、外交や**安全保障（security）**、国家防衛、国際協力、ビジネスなど、国家の利益に関わる要素を含んでいます。

　国際社会における宇宙活動の原則は、1967年に国連で発効された**宇宙条約（Outer Space Treaty）**によって定められています。この条約は、宇宙活動がすべての人々に恩恵をもたらすことを大原則とし、宇宙空間における探査と利用の自由、領有の禁止、宇宙平和利用の原則、国家への責任集中原則などを規定しています。

　宇宙開発は、新興国の国々にとっても力を入れる価値のある領域です。新興国では国内の統計情報が整っていない場合が多く、それが各種インフラ整備の障害となっています。**衛星データ（satellite data）**を活用することで、高い費用対効果で国内の情報が取得可能となります。自力での衛星打ち上げ能力を持つ国は少ないですが、衛星保有国は50カ国を超えています。衛星データは農業のほか、災害対策でも活用されています。また衛星インターネットの導入で、国内に比較的安価に通信環境を整備することができます。

　しかし人工衛星サービスの需要が高まる一方、宇宙空間の**持続可能性（sustainability）**や環境保護の観点でいくつか問題が生じています。1つは人工衛星の数の問題です。広大に思える宇宙ですが、すでに地球近傍の空間は既存の人工衛星がひしめきあっており、持続可能な運用のために調整や制限といった枠組みが必要とされています。もう1つの問題は、宇宙デブリの増加です。寿命を迎えた人工衛星やロケットの破片などが回収されないまま宇宙をさまよっており、将来的に他の衛星や有人機と衝突する危険性があります。そのため、デブリの削減や回収といった対策が急務とされています。宇宙空間は人類共通の財産であるため、責任ある利用や管理が必要なのです。

さて、近年の宇宙開発は**国際宇宙ステーション（International Space Station、ISS）**を代表格として、国際協力と平和が寄与する形で進められてきました。しかしその最初期には米ソの冷戦といった国際的な緊張を背景に発展してきた過去を持っており、最近の宇宙開発においては再びその傾向が現れ始めています。2022年には、中国は独自の有人宇宙ステーション「**天宮（Tiangong space station）**」を完成させました。これはISSの老朽化を背景とした、アメリカに対して宇宙外交において強力な一手を投じたことになります。アメリカが提唱する宇宙探査や利用の原則「**アルテミス合意（Artemis Accords）**」に対しても中国やロシアが反対の姿勢を示しており、共通ルールのないまま進行する月面到達競争に対して安全上の懸念が論じられています。

宇宙開発の技術は軍事にも利用できることを忘れてはいけません。かつての湾岸戦争で軍事衛星の有用性が示されたように、衛星や防衛システムなどの開発は、地上の紛争や安全保障にも影響を及ぼします。今日のウクライナ戦争でも、衛星は情報の面で重要な役割を果たしています。宇宙空間は、陸海空に続く第4の戦場でもあるのです。

以上のように、宇宙開発は多様な側面を持つ分野ではありますが、宇宙空間の平和と安全を確保するために各国が協調して取り組むことが期待されています。宇宙開発の発展に応じて必要とされる共通ルールや枠組みはより複雑になっていくことが予想されるため、健全な開発のためにはさらなる国際協力・協調が重要となるでしょう。

ピックアップ　テーマ🔍を深掘るキーワード

宇宙利用に関する国際的枠組み

Outer Space Treaty 宇宙条約（正式には「月その他の天体を含む宇宙空間の探査及び利用における国家活動を律する原則に関する条約」[Treaty on Principles Governing the Activities of States in the Exploration and Use of Outer Space, including the Moon and Other Celestial Bodies]。1966年の国連総会で採択され、翌1967年に発効。宇宙憲章とも）

Prevention of Arms Race in Outer Space (PAROS) 宇宙空間における軍備競争の防止（決議）

Transparency and Confidence-Building Measures (TCBM) 透明性・信頼醸成措置（元々は地上での軍縮に向けた取り組みだったが、それを宇宙での軍備競争防止に適用する考え方、ないしその実施を求める国連決議）

Eight Nations Sign US-led Artemis Moon Agreements

8カ国が署名して、アメリカ主導の「アルテミス合意」が発足

2025年までに有人での月面到着を目指すアルテミス計画ですが、アルテミス合意はその計画を各国が協力して進めるための前提となる国際合意です。アルテミス合意が発足した月に出されたこの記事では、合意の意義を解説しています。

🔊 05

Eight countries have signed an international agreement for moon exploration called the Artemis Accords.

The U.S. space agency, NASA, announced the agreement last week. NASA is trying to create rules for building long-term human settlements on the moon's surface.

The agreement is named after NASA's Artemis moon project. It seeks to build on existing international space law by creating "safety zones." These zones would surround future moon bases to prevent conflict between states operating there. It would also permit private companies to own the lunar resources they find.

The United States, Australia, Canada, Japan, Luxembourg, Italy, the United Kingdom, and the United Arab Emirates signed the agreements. Officials met during a yearly conference on space that took place last week. The deal followed months of talks in a U.S. effort to build allies under its plan to return astronauts to the moon by 2024.

Eight Nations Sign US-led Artemis Moon Agreements

https://learningenglish.
voanews.com/a/eight-nations-
sign-u-s--led-artemis-moon-
agreements/5624388.html

US-led アメリカ主導の、アメリカが提唱する

Artemis Moon Agreements アルテミス合意。正式名称は Artemis Accords

moon exploration 月探査

Artemis Accords アルテミス合意

Artemis moon project アルテミス計画（NASA が予定する月面着陸計画。月周回軌道上での宇宙ステーション建設や、有人月面着陸を目指す）

build on すでにあるものにさらに追加する

existing international space law 既存の国際宇宙法。1967 年発効の「宇宙条約」を指す

lunar resources 月資源

United Arab Emirates アラブ首長国連邦

a yearly conference on space 宇宙に関する年次会議。国際宇宙会議（International Astronautical Congress: IAC。毎年秋季に開催される）を指す

build allies 連帯を図る

astronaut 宇宙飛行士

月探査のための国際協定「アルテミス合意」に 8 カ国が署名しました。

アメリカ航空宇宙局 NASA は先週、発表した同協定により、月面に長期居住地を構築するときに備えて基本原則を定めようとしています。

この協定は、NASA の「アルテミス計画」にちなんで「アルテミス合意」と名付けられました。同協定は月面に「安全地帯」を設定することによって、既存の国際宇宙法を増強しようとするものです。安全地帯は、将来、月面で活動する国家間の紛争を避けるために、月面基地の周囲に構築されることになるでしょう。同協定は、民間企業が月で見つける鉱物資源を所有することも認めています。

アメリカ、オーストラリア、カナダ、日本、ルクセンブルク、イタリア、イギリス、アラブ首長国連邦の 8 カ国は、先週開催された国際宇宙会議（IAC）で「アルテミス合意」に署名しました。この合意に先立ち、アメリカは 2024 年までに宇宙飛行士を再び月に送り込むための「アルテミス計画」を念頭に置き、各国と連帯を図るため数カ月にわたって協議しました。

"What we're trying to do is establish norms of behavior that every nation can agree to," NASA administrator Jim Bridenstine told reporters. He said the agreements accept a 1967 treaty that says the moon and other planets cannot be claimed for national ownership.

Bridenstine said the agreements create the "the broadest, most inclusive, largest coalition of human spaceflight in the history of humankind."

The governments of the United States and other countries that have space programs consider the moon important to their long-term goals. The moon has value for scientific research that could make possible future missions to Mars. However, these activities are subject to international space law that many experts consider outdated.

In 2019, U.S. Vice President Mike Pence directed NASA to return humans to the moon by 2024. This cut in half the amount of time the agency had planned to take. The goal now is for humans to live on the moon for a long time.

The NASA program is expected to cost billions of dollars. It will send robotic vehicles to the moon before a human being.

NASA also plans to build a space station that will orbit the moon. Plans call for it to be built by companies supervised by NASA and international partners.

I'm Susan Shand.

norms of behavior　行動規範
**NASA administrator Jim
Bridenstine**　NASA のジム・ブ
ライデンスタイン長官（第 13 代の
NASA 長官。2021 年まで在職）

create [build] a coalition　協
力体制を築く
inclusive　包括的な

space program　宇宙計画

be subject to　〜の支配下にある

orbit　〜の軌道を回る

「私たちが目指しているのは、すべての国が同意で
きる行動規範を策定することです」NASA のジム・
ブライデンスタイン長官は記者たちにでそう述べま
した。アルテミス合意は、1967 年発効の「宇宙条約」
にある「月その他の天体は、国家の所有の対象とは
ならない」という条項をそのまま引き継いでいます。

ブライデンスタイン長官によれば、アルテミス合意
によって「人類史上、最も広範かつ包括的で最大の
有人宇宙飛行のための協力体制」が築かれることに
なるのです。

アメリカなど宇宙計画を有する国の政府は、月は長
期的な目標のために重要であると考えています。月
には将来の火星探査を可能にしてくれる科学調査を
行うだけの価値があるからです。しかし、そのよう
な活動を取り締まるための既存の国際宇宙法は、多
くの専門家たちが言うように、すでに時代遅れです。

2019 年、アメリカのマイク・ペンス副大統領は
NASA に、2024 年までに人類を再び月に送るよう
にと指示しました。これにより、NASA が予定して
いた準備期間は半分に短縮され、現在は人類が月面
で長期にわたって居住することを目指しています。

NASA の計画は数十億ドルの費用がかかると予想さ
れており、人類に先立ち、ロボット探査機を月面に
送り込む予定です。

また、NASA は月を周回する宇宙ステーションの建
設も計画しています。この宇宙ステーション（「ゲ
ートウェイ」）は、NASA の管理下にある民間企業
数社と国際協力によって建設されることになってい
ます。

スーザン・シャンドがお伝えしました。

With Limited Resources, Latin America Looks to Space

限られたリソースでも宇宙開発に期待する、中南米の国々

宇宙産業に注目するのは先進国だけではありません。発展途上の国々も自国経済発展の観点から、宇宙開発の進展に熱い視線を注いでいます。この記事では、中南米の国々が宇宙開発に寄せる期待とその背景が説明されています。

🔊)) 06

Latin American countries are increasingly looking to space to speed their development.

Nicaragua is one of the poorest nations in the Americas and has experienced many conflicts. But on February 17, the nation's congress approved a law to form a space agency. Costa Rica, known for its growth and stability, did the same on February 18.

Many countries with limited financial resources see the possible benefits of space. They are interested in satellite technology, international partnerships and local development. But critics say space programs are taking away from pressing problems on the ground.

Temidayo Oniosun is managing director of Space in Africa, a research, media and advising company. In an email to The Associated Press, he said critics often question why countries like Nicaragua or African countries want space programs.

With Limited Resources, Latin America Looks to Space

https://learningenglish.voanews.
com/a/with-limited-resources-
latin-america-looks-to-
space/5878076.html

Latin America ラテンアメリカ、中南米（諸国）

look to ～に目を向ける、～を当てにする、～に期待を寄せる

speed 速める

Nicaragua ニカラグア

congress 議会

space agency 宇宙機関（宇宙開発を行う政府機関）

Costa Rica コスタリカ

stability 安定

satellite technology 衛星技術

international partnership 国家間の提携関係

take away from ～の重要性（価値・効果など）を減じる

pressing problem 差し迫った問題

on the ground 地上の、地上に

Space in Africa スペース・イン・アフリカ（宇宙・衛星業界に関するメディア・分析・コンサルティング会社。本社はナイジェリア）

question 疑問を抱く、呈する

中南米の国々は経済発展のスピードアップを図るために、ますます宇宙に期待をかけています。

ニカラグアは南北アメリカの最貧困国の1つであり、数々の紛争を経験してきました。しかし2021年2月17日、ニカラグア国会は宇宙機関を設立するための法案を可決しました。また経済成長と政治的に安定していることで知られるコスタリカも、2月18日に同様の法案を可決しました。

限られた財源しかない多くの国が、宇宙から得られるであろう恩恵に期待しているのです。こうした国々の関心は人工衛星技術、国家間の提携関係、そして自国の発展にあります。しかし、宇宙計画は地上の差し迫った問題の重要性を損なわせると批判する人たちもいます。

テミダヨ・オニオスン氏はリサーチ・メディア・コンサルティング会社「スペース・イン・アフリカ」の代表取締役です。彼はAP通信に宛てた電子メールで、「ニカラグアやアフリカ諸国のような国々がなぜ宇宙計画を必要とするのか批評家たちはしばしば疑問を呈する」と述べています。

He said these countries rarely begin space programs to explore the moon or Mars. Instead, they are mostly interested in using space to solve development issues.

The growth of the space industry and the possibility for internet connectivity from satellites could help countries lacking internet coverage. Satellite information can also guide crop-growing, help predict natural disasters and help industry. Satellites also can closely watch weather and conditions linked to the spread of disease.

Nicaragua is not new to space aims. But an old deal with China years ago for the deployment of a communications satellite has been delayed. In 2017, Russia opened a station in Nicaragua as part of a satellite navigation system. Nicaragua denied that it was spying on Latin America or the United States.

Nicaragua understands others distrust its new, military-run space program. Jenny Martínez is a lawmaker in Nicaragua. She said more than 50 countries in the world have space agencies. Nicaragua has been a member since 1994 of the United Nations Committee on the Peaceful Uses of Outer Space. The U.N. agency oversees agreements that govern space law.

Carlos Arturo Vélez is an Ecuadorian lawyer studying air and space law at Leiden University in the Netherlands. He told The Associated Press that Nicaragua does not need to send things into space to be part of the system.

"Doing something wrong in outer space could affect any country in the world," he said. For example, parts of a satellite could crash to Earth and cause damage, injuries or death.

explore　探検・調査する

space industry　宇宙産業
internet connectivity　インターネット接続
internet coverage　インターネットの普及
crop-growing　作物の成長

aim　目的、目標
deal　協定
communications satellite
通信衛星
station　基地
satellite navigation system
衛星測位システム
spy　スパイ活動をする
distrust　信用しない
military-run　軍が運営する
lawmaker　議員
United Nations Committee
on the Peaceful Uses of
Outer Space　国連宇宙空間平
和利用委員会
oversee　監督する

Ecuadorian　エクアドル人
Netherlands　オランダ

outer space　宇宙空間
affect　影響を及ぼす
launch　打ち上げる

オニオスン氏によれば、こうした国々が月や火星の探索のために宇宙計画を始めることはめったにありません。それよりも、主に宇宙を利用して自国の開発問題を解決することに関心があるのです。

宇宙産業が成長し、衛星を使ってインターネット接続ができるようになると、インターネットがまだ普及していない国は助かるでしょう。また衛星情報は作物の成長を導き、自然災害を予測し、産業の役に立ちます。さらに衛星によって気象や病気の蔓延状況を詳細に追跡することができます。

ニカラグアが宇宙を目指すのは初めてのことではありません。しかし何年も前に中国と交わした通信衛星の配備に関する古い協定は延期されたままです。2017 年にはロシアが衛星測位システムの一部として、衛星基地をニカラグアに開設しました。ニカラグア政府は、それが中南米諸国やアメリカ合衆国に対するスパイ活動に使われているという指摘については否定しています。

ニカラグア政府は、国軍が運営する新しい宇宙計画に他の国々が不信感を抱いていることは知っています。ジェニー・マルティネス氏はニカラグアの国会議員です。マルティネス氏は世界 50 カ国以上が宇宙機関を有しており、ニカラグアは 1994 年から国連宇宙空間平和利用委員会（COPUOS）の加盟国だと弁明しています。COPUOS の任務は宇宙法を管理する協定を検討することです。

カルロス・アーツロ・ベレス氏は、オランダのライデン大学で航空宇宙法を研究しているエクアドル人法律家です。ベレス 氏は AP 通信の取材に応えて、ニカラグアは COPUOS の加盟国であるからといって宇宙に何かを送る必要はないと述べています。

「宇宙空間で何か間違いを犯すと、世界のあらゆる国に影響を及ぼすとも限らないのです」ベレス氏はそう述べています。たとえば人工衛星の破片が地球に落ちてきて、被害や死傷者が出るかもしれないというのです。

Ecuador launched a satellite called Pegaso in 2013 with help from China. But the satellite was damaged one month later. It is believed to have hit pieces of an old Russian rocket.

Supporters of Costa Rica's space objectives say its new agency can contribute to technologies used on Earth. It can also give Costa Rica influence in international space policy and agreements.

Franklin Chang Díaz is a Costa Rica-born U.S. citizen who became a NASA astronaut. In a statement, he said, "A lot of people criticized the creation of NASA in 1958 when the United States was struggling with the worst economic recession" since World War II.

He said NASA putting a person on the moon sometimes gets more attention than the more important technological and economic benefits that followed.

Costa Rica's first satellite, called Irazú, was launched on an American SpaceX rocket in 2018. Its aim is to watch rainforests and climate change. The satellite was partly paid for by an online money-raising campaign.

"It's not surprising" that Costa Rica passed a space agency law and hopefully Guatemala will do the same, said Katherinne Herrera. She is a student at the University of the Valley of Guatemala. Herrera heads a student group on space science and engineering.

damage　損害・損傷を与える

space objective　宇宙（開発）
目標
contribute to　〜に貢献する

astronaut　宇宙飛行士

struggle with　〜で苦労する
economic recession　経済不況

SpaceX = Space Exploration
Technologies Corp.　通称「ス
ペース X」（2002 年にイーロン・マ
スクが設立したアメリカの航空宇宙
企業。宇宙輸送サービスや衛星イン
ターネットサービスなども手がける）
climate change　気候変動

University of the Valley of
Guatemala　グアテマラ・デル・
バジェ大学。中米のグアテマラにあ
る私立大学。グアテマラ国内で最
もテクノロジー教育に力を入れてい
る。グアテマラ国内では初の人工衛
星 Quetzal 1（Guatesat 1 とも）
を開発した

エクアドルは 2013 年に中国の支援を受けて宇宙衛
星「ペガソ」を打ち上げました。しかしこの衛星は
1 カ月後に破損しました。ロシアの古いロケットの
残骸に衝突したと考えられています。

コスタリカの宇宙計画を支援する人たちは、同国が
新しく設立する宇宙機関は地上で使われるテクノロ
ジーに貢献し、国際宇宙政策・協定における影響力
をコスタリカに与えてくれるだろうと言います。

フランクリン・チャン・ディアス氏はコスタリカ生
まれのアメリカ国民で、NASA の宇宙飛行士になり
ました。彼は声明の中で、第二次世界大戦以降「最
悪の経済不況にアメリカが陥っていた 1958 年に
NASA が創設されたときは非難轟々だった」と述べ
ています。

チャン・ディアス氏によれば、NASA が人を月に送
ることのほうが、その後で得られるもっと重要な技
術的・経済的利益よりも注目を集めることがよくあ
るのです。

コスタリカの人工衛星第 1 号「イラス」は 2018 年
にアメリカの「スペース X」ロケットで打ち上げら
れました。この人工衛星の目的は熱帯雨林と気候変
動を観察することです。衛星開発費の一部はオンラ
イン募金活動によって調達されました。

コスタリカが宇宙機関法を可決したことは「驚くべ
きことではない」と、そしてグアテマラも同様のこ
とをするよう期待していると語るのはキャスリー
ン・ヘレラさんです。ヘレラさんはグアテマラ・デル・
バジェ大学の学生で、宇宙科学・宇宙工学について
研究する学生クラブの会長です。

A country needs public policies that support space programs and help reach its research goals, Herrera wrote in an email.

Guatemala's first satellite was deployed by Japan last year. Called Quetzal-1, it was operated by a team from the university where Herrera is studying. The project took place in a country whose problems have led many citizens to look for a better life in other places.

Bolivia's space agency got caught up in the country's recent political problems. The new government accused former temporary leadership of delaying operations at the agency. The space agency was set up in 2010 by then-President Evo Morales.

There are other examples of Latin America's space developments. Brazil's science and technology minister, Marcos Pontes, is a former astronaut who trained with NASA. Chile is home to several international research telescopes. The European Space Agency launches rockets from French Guiana on South America's northeast coast. And now Mexico and Argentina are leading efforts to form a regional space agency.

The African Union is also planning a space agency, to be based in Egypt.

Mexico's Congress on Monday held an international meeting on what it called the "new space race" and what it can do for health, education and other fields. Senator Beatriz Paredes Rangel said, "The future is in our hands and if we're not a part of it, we will disappear" or waste the chance to help build the future.

I'm Jill Robbins. And I'm Alice Bryant.

deploy 配備する

Quetzal-1 ケツァル 1。JAXA
と国連宇宙部の連携推進プログラム
KiboCUBE の公募にて開発計画が
採択され、2020 年にグアテマラ・
デル・バジェ大学で開発された。同
年衛星軌道上に打ち上げられた

get caught up in 巻き込まれる
former temporary
leadership 前暫定大統領

international research
telescopes 国際共同研究用の
望遠鏡
French Guiana フランス領ギ
アナ
effort 取り組み、活動
regional （ある特定の）地域の
African Union アフリカ連合
（アフリカ大陸にある 55 の加盟国か
らなる大陸連合）

国には宇宙計画を支援し、その研究目的が達成され
るよう支援する公共政策が必要だとヘレラさんは
（AP 通信に宛てた）電子メールに書いています。

グアテマラの人工衛星第 1 号は、昨年日本によって
配備されました。これは「ケツァル 1」と呼ばれ、
ヘレラさんが勉強している大学のチームによって運
用されました。このプロジェクトは、国内のさまざ
まな問題ゆえに多くの国民が、よりよい生活を求め
て他の国へと移住している国で実施されたのです。

ボリビアの宇宙機関は、同国の最近の政治問題に巻
き込まれました。新政権が前暫定大統領を、同機関
の操業を故意に遅らせたと非難したのです。ボリビ
アの宇宙機関は、2010 年に当時の大統領エボ・モ
ラレス氏によって設立されました。

中南米諸国の宇宙開発にはほかにも数例あります。
ブラジルのマルコス・ポンテス科学技術大臣は、
NASA で訓練を受けた元宇宙飛行士です。チリには
国際共同研究用の望遠鏡があります。欧州宇宙機関
は、南米の北東海岸にあるフランス領ギアナからロ
ケットを打ち上げています。そして現在、メキシコ
とアルゼンチンは地域の宇宙局を設立する活動を共
同で主導しています。

またアフリカ連合はエジプトに宇宙機関を設立する
予定です。

メキシコ議会は月曜日（5 月 3 日）、「新しい宇宙開
発競争」と「それは健康・教育・その他の分野でど
のように役に立つか」についての国際会議を主催し
ました。ベアトリス・パレデス・ランゲル上院議員
はその会議で「未来は私たちの手中にあるが、私た
ちがその競争に参加しなければ、私たちは消えてし
まう」、あるいは未来を築くために協力するチャン
スを無駄にすることになる、と述べています。

ジル・ロビンスとアリス・ブライアントがお伝えし
ました。

59

Part 2

空間としての宇宙

　宇宙は、常にわれわれの頭上に広がっている空間です。しかし第二次大戦が終わるまで人類は実際の宇宙空間に行くことはできず、さまざまな手段で地上から観測するに留まっていました。人工衛星や宇宙望遠鏡、国際宇宙ステーションが打ち上げられ、定期的に有人宇宙飛行も行われるようになった現代、宇宙の観測はどのくらい進み、またわれわれは宇宙空間でどのような活動ができるようになったのでしょうか。

　この Part 2 では、最新の天文学的知見を紹介し、宇宙空間への進出やその活用に向けた基礎的な取り組みを解説します。

Topic 04

天文観測の対象としての宇宙

Space as an Object of Astronomical Observation

　宇宙そのものとその中にあるすべての天体の性質と起源・進化、およびそこで起きるさまざまな現象を解明する学問、それが**天文学（astronomy）**です。

　天文学は最古の学問の1つです。人類は古くから天体に興味を抱き、**神話（mythology）・天動説（geocentrism）・星座（zodiac sign）**などを生み出し、哲学や政治に影響を与えてきました。また、実学への応用も古代から進んでいた分野で、古代エジプトでは明け方に東の空に現れる**シリウス（Sirius）**はナイル川氾濫の前兆であることを発見していました。空に輝く星々の観測は暦法や時計を生みだし、農耕や航海の重要な道標でもありました。

　古代から近世の天体観測では肉眼で空を見上げていましたが、17世紀初頭にガリレオ・ガリレイが**望遠鏡（telescope）**を天体観測に利用したことで天文学は大きく飛躍しました。肉眼で見るよりも遠くの物体を拡大して見られる望遠鏡による天体観測は、それまでの天体の常識を大きく覆しました。ガリレオの業績は数多くありますが、代表的なものは**地動説（heliocentrism）**の提唱でしょう。その後も天文学において望遠鏡は欠かせない存在であり、進化を続けていきます。

　現代、望遠鏡で観測しているのは**可視光線（visible light）**だけではありません。宇宙からはさまざまな波長の**電磁波（electromagnetic waves）**が届きます。われわれが見ている光景は電磁波と呼ばれる波長の一部であり、電磁波はガンマ線、X線、**紫外線（ultraviolet）**、可視光線、**赤外線（infrared）**、**電波（radio wave）**という異なる性質を持つ領域に分けることができます。さまざまな波長で宇宙を観測することで、可視光ではわからなかった宇宙の姿を解明することが可能となりました。

宇宙の天体は古くから観測の対象でした。日蝕や星空、流星群などは個人でも気軽に観測できる天体現象です。科学技術の発展に伴い、観測手段は徐々に高度・複雑化してきました。Photo: travelview/stock.adobe.com

　しかし電磁波観測にも、地球の大気が電波と可視光以外の電磁波を吸収し、地上観測の地点に届くまでには弱まってしまうという問題があります。そこで、宇宙空間から宇宙を観測する宇宙望遠鏡が登場しました。なかでも**ハッブル宇宙望遠鏡（Hubble Space Telescope）**の功績はめざましく、1990年以降の宇宙物理学上の重要な発展や成果はこの装置が何らかの形で関わっていると言えるほどです。2022年には後継の**ジェームズ・ウェッブ宇宙望遠鏡（James Webb Space Telescope）**の運用が始まっており、宇宙の解明がより一層進むことでしょう。

　宇宙望遠鏡に対して地上からの観測が劣るわけではありません。たとえば、**イベント・ホライズン・テレスコープ（Event Horizon Telescope、EHT）**のプロジェクトでは、世界中の電波望遠鏡を組み合わせることで圧倒的な感度と解像度を持つ仮想望遠鏡を構築し、2019年に直接証明は不可能と言われたブラックホールを撮像することに成功しました。

　ほかにも**ニュートリノ（neutrino）**や**重力波（gravitational wave）**を用いて宇宙の諸現象を探る手法も用いられています。ニュートリノは非常に小さく原子の中を通り抜けることが可能で、核融合反応や**超新星爆発（supernova）**の**重力崩壊（gravitational collapse）**などを観測することができます。重力波は2015年に初めて検出された物理現象で、ブラックホール、**中性子星（neutron star)**の質量、そしてビッグバン直後の宇宙の情報を得られると期待されています。

　天文学は高度な先端科学技術分野であると同時に、アマチュア天文家も新星発見で活躍できる開かれた学問です。天文観測は人類にとって永遠のテーマであり、私たちに新しい世界を見せてくれます。

ピックアップ テーマ を深掘るキーワード

観測する天体

astronomical object 天体

light year 光年（光が1年かけて到達可能な距離。1光年＝約9兆4600億km）

galaxy 銀河

nebula 星雲（雲のように見える天体。1つ1つの星が観測できる場合は星団［star cluster］と呼ぶ）

天体観測の手法

photometry 測光（天体が発する光の強さからその性質を調べる手法）

spectroscopy 分光法（天体が発する光を複数の波長に分解してその性質を調べる手法）

redshift 赤方偏移（遠方からの光ほど波長が長くなる現象。可視光では赤が最も波長が長いことから）

Hubble Ultra Deep Field ハッブル超深度領域（ハッブル宇宙望遠鏡が2003年から2004年にかけて観測した、約100億光年〜130億光年先の天体写真）

Scientists Release Improved Version of First Black Hole Image

研究報告：史上初のブラックホール観測画像の「改良版」を公開

それまで理論上の存在だったブラックホールは、2019年の直接撮影画像によりようやく実在することが証明されました。この記事では、機械学習を用いた観測画像の精緻化、またそれによる画像解析を元にした研究の展望について述べています。

🔊 07

Scientists have released a more detailed version of the first image of a black hole.

That first image, released four years ago, showed a blurry, round-shaped orange object. Now, researchers have used machine learning methods to create an improved picture.

The new image was recently published in the *Astrophysical Journal Letters*. The same shape remains as in the first image, but it has a narrower ring and sharper resolution.

Scientists have said the black hole in the image sits at the center of a galaxy called M87, more than 53 million light-years from Earth. A light year is the distance light travels in a year — about 9.5 trillion kilometers. The mass of the black hole is 6.5 billion times greater than that of Earth's sun.

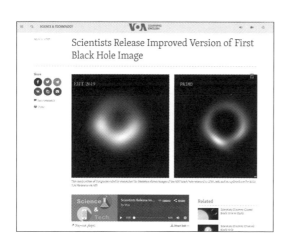

https://learningenglish.voanews.com/a/scientists-release-improved-version-of-first-black-hole-image/7053740.html

improved version 改良版
more detailed より詳細な

blurry ぼやけた
object 天体
machine learning 機械学習
（与えられたデータからコンピューターが自動で「学習」し、データの背景にあるルールやパターンを発見する方法）
Astrophysical Journal Letters
『アストロフィジカル・ジャーナル・レターズ』（天体物理学の専門誌）
sharper resolution より鮮明な解像度
galaxy 銀河
M87 （おとめ座の方向にある銀河。中心に太陽の 65 億倍の質量を持つブラックホールがある）
53 million light-years from Earth 地球から 5300 万光年

史上初のブラックホールの観測画像をより詳細にしたものが研究者たちによって公開されました。

4 年前（2019 年）に公開された初画像は、ぼやけたオレンジ色の丸い天体でした。今回、研究者たちは機械学習技術を使って、さらに詳細な画像を作成しました。

新しい画像は『アストロフィジカル・ジャーナル・レターズ』誌の最近の号に掲載されました。ブラックホールの形状は元の画像と同じですが、リング幅が細くなり、より鮮明になっています。

研究者たちによれば、同画像のブラックホールは地球から 5300 万光年以上離れたところにある銀河「M87」の中心にあります。1 光年は光が 1 年間に進む距離で、約 9 兆 5000 億 km です。このブラックホールの質量は私たちの太陽の約 65 億倍と推定されています。

A network of radio telescopes around the world gathered the data used to make the image. But even with many telescopes working together, holes remained in the data. In the latest study, scientists depended on the same data, but used machine learning methods to fill in the missing information.

The resulting picture looks similar to the image, but with a thinner "doughnut" and a darker center, the researchers said.

"For me, it feels like we're really seeing it for the first time," said the lead writer of the study, Lia Medeiros. She is an astrophysicist at the Institute for Advanced Study in New Jersey.

She said it was the first time the team had used machine learning to fill in the data holes.

With a clearer picture, researchers hope to learn more about the black hole's properties and gravity in future studies. Medeiros said the team also plans to use machine learning on other images of space objects. This could include the black hole at the center of our galaxy, the Milky Way.

The study's four writers are members of the Event Horizon Telescope (EHT) project. It is an international effort begun in 2012 with the goal of directly observing a black hole's nearby environment. A black hole's event horizon is the point beyond which anything - stars, planets, gas, dust and all forms of electromagnetic radiation — cannot escape.

radio telescope 電波望遠鏡

世界各地に設置された電波望遠鏡を使って、その画像を作るために必要なデータが集められました。しかし多数の電波望遠鏡を接続して使っても、そのデータには欠けている部分がありました。今回の研究では、研究者たちはその同じデータを使っていますが、欠けている情報を補うために機械学習技術を利用したのです。

その結果、得られた画像は元の画像に似ていますが、「ドーナツ」（外側のリング状の部分）の幅が細くなり、中心の影部分が広くなっていると研究者たちは述べています。

astrophysicist 天体物理学者
Institute for Advanced Study プリンストン高等研究所（アメリカのニュージャージー州プリンストンにある）

「私にとっては、まるで、やっと本当に初めてブラックホールを見ているかのようです」研究報告の筆頭著者のリア・メデイロス氏はそう述べています。彼女は、ニュージャージー州にあるプリンストン高等研究所に勤める天体物理学者です。

data holes データが欠けているところ

メデイロス氏によれば、欠けているデータを補うために機械学習技術を研究チームが使ったのは今回が初めてです。

properties and gravity 特性と質量
Milky Way 天の川

研究者たちは、より鮮明な画像を使って、このブラックホールの特性や質量について、今後さらに詳しく解析できることを期待しています。そして研究チームは、宇宙の他の天体の画像解析にも機械学習技術を使うつもりだとメデイロス氏は述べています。それには天の川銀河の中心にあるブラックホールも含まれます。

Event Horizon Telescope (EHT) イベント・ホライズン・テレスコープ（世界8カ所に設置した観測望遠鏡を接続して作った超大型望遠鏡で、ブラックホールの画像を撮影するための国際プロジェクト）
event horizon イベントホライズン、事象の地平線（ブラックホール周辺で、光が逃げられなくなる境界面）
electromagnetic radiation 電磁放射線（放射線のうち電磁波であるもの。赤外線、可視光線、紫外線、エックス線、ガンマ線など）

今回の研究報告の執筆者4人は「イベント・ホライズン・テレスコープ（EHT）」プロジェクトのメンバーです。EHTはブラックホールの周囲の環境を直接観測するという目的で2012年にスタートした国際協力プロジェクトです。ブラックホールのイベントホライズン（事象の地平線）は、ここを越えると、いかなるものも——恒星、惑星、ガス、塵、そしてあらゆる種類の電磁放射線も——抜け出すことはできません。

Part 2
空間としての宇宙

67

Dimitrios Psaltis is an astrophysicist at Georgia Institute of Technology in Atlanta, Georgia. He told Reuters news agency the main reason the first image had many gaps is because of where the observing telescopes sit. The telescopes operate from the tops of mountains and "are few and far apart from each other," Psaltis said.

As a result, the telescope system has a lot of 'holes' and scientists can now use machine learning methods to fill in those gaps, he added. "The image we report in the new paper is the most accurate representation of the black hole image that we can obtain with our globe-wide telescope," Psaltis said.

I'm Bryan Lynn.

**Georgia Institute of
Technology**　ジョージア工科大
学（アメリカのジョージア州アトラ
ンタにある州立大学）

observing telescope　観察望
遠鏡

globe-wide telescope　地球
サイズの望遠鏡（地球上の何千km
も離れたところに設置した複数の電
波望遠鏡を接続して構成する、地球
と同じサイズの口径を持つ仮想的な
電波望遠鏡。EHTの解像度は、人間
の視力に換算すると、月に置いたゴ
ルフボールが見える程度に相当）

ディミトリス・サルティス氏は、ジョージア州アト
ランタにあるジョージア工科大学の天体物理学者で
す。彼はロイター通信に、最初の画像に不明な部分
が多かったのは、観察望遠鏡が設置されている場所
に理由があるとして、EHTの望遠鏡は山頂から操作
するようになっているため、「数が少なく、それぞ
れの距離が離れている」と述べています。

したがって、この望遠鏡システムで得られる画像に
は「ギャップ（欠けている部分）」があるが、その
ギャップを今後は機械学習技術を使って埋めること
ができるとサルティス氏は述べています。「今回の
研究報告で公開された画像は『地球サイズの（仮想）
望遠鏡』で得られるブラックホールの画像としては
最も正確なものです」

ブライアン・リンがお伝えしました。

Scientists Observe Dying Star Swallowing Planet for the First Time

世界初の観測
瀕死の恒星が惑星を飲み込む瞬間

恒星はその一生を終える前に、膨張してから縮小していくことが知られています。この記事では、恒星の膨張に巻き込まれた周囲の惑星が、どのような最後を迎えたかの観測結果が詳細に述べられています。

🔊))) 08

Scientists say they have observed a dying star swallowing a planet for the first time.

Astronomers recently reported the observation of what appeared to be a large gas planet being eaten up by its aging star. The team said the sun-like star had been expanding for a very long time and finally got so big that it swallowed the nearby planet.

The researchers who made the observations said the star is in our Milky Way galaxy, about 12,000 light years from Earth. A light year is the distance light travels in a year — about 9.5 trillion kilometers. The findings were recently reported in a study published in Nature.

Most planets are believed to meet the end of their life when the star they are orbiting runs out of energy. This process causes the star to turn into a "red giant" that grows very large. The star can then swallow up the planet, and anything else that nears it.

https://learningenglish.voanews.
com/a/scientists-observe-dying-
star-swallowing-planet-for-the-first-
time/7084236.html

observe 観測する
dying 瀕死の、死にかけている
star 星、厳密には「恒星」のことで、
それを公転する惑星を planet という
swallow 飲み込む
astronomers 天文学者
gas planet ガス惑星
be eaten up 食べられる
aging star 老化した恒星

Milky Way galaxy 天の川銀河
light year 光年
Nature ネイチャー（イギリスで
発行される国際的な週刊科学ジャー
ナル。さまざまな科学分野の査読済
み研究論文を掲載）

meet the end of one's life
人生の終わりを迎える
orbiting 軌道を回る
red giant 赤色巨星

科学者たちが、瀕死の恒星が惑星を飲み込む瞬間を
世界で初めて観測したと発表しました。

この天文学者たちは、大きなガス惑星のようなもの
が年老いた恒星に飲み込まれていく様子を観測した
と最近報告しています。この研究チームによれば、
太陽に似たその恒星は非常に長い年月にわたって膨
張し続けていたのですが、ついに巨大になりすぎて、
近くの惑星を飲み込んでしまったのです。

そのプロセスを観測した研究者たちによれば、この
恒星は地球から約1万2000光年のところにある天
の川銀河にあります。1光年は光が1年間に進む距
離で、約9兆5000億kmです。今回の観測結果は
科学誌『Nature』の最近の記事で報告されました。

ほとんどの惑星は、その惑星が公転している恒星の
エネルギーが尽きたときに寿命を迎えると考えられ
ています。そうなるまでに恒星は「赤色巨星」へと
変化し、非常に大きくなるまで膨張し、惑星など近
づくものはすべて飲み込んでしまいます。

The scientists say the planet's destruction happened between 10,000 and 15,000 years ago near the Aquila constellation. At that time, the star was around 10 billion years old. The team said the swallowing event created a hot explosion of light, followed by a large release of dust that shot out into space.

Kishalay De is a researcher from the Massachusetts Institute of Technology. He discovered the light explosion by accident in 2020. He was examining data captured by the Palomar Observatory, based near San Diego, California.

De said he was surprised to observe a star that had suddenly increased in brightness by more than 100 times over a period of 10 days. He had been searching for binary star systems. These are sets of two stars that orbit around a common center of mass. When the larger of the stars takes bites out of the other, a bright explosion called an "outburst" happens.

But De said his examinations suggested the outburst was surrounded by cold gas, meaning it could not be a binary system. He learned from another space telescope that the star had also started releasing large amounts of dust months before the outburst.

While scientists had observed past star expansions, this was the first time they have been able to observe a complete planet-swallowing event.

The researchers said the collected data showed the swallowed planet was a "gas giant" with a similar mass to the planet Jupiter. They noted that the planet had become so close to its star that it could complete a full orbit in just one day.

destruction　破壊、ここでは「恒星に飲み込まれること」
Aquila constellation　わし座
billion = 1,000,000,000　10億

Massachusetts Institute of Technology　マサチューセッツ工科大学（MIT）
Palomar Observatory　パロマー天文台（カリフォルニア州の標高1700メートルのパロマー山にあるカリフォルニア工科大学所属の天文台）

binary star system　連星系
common center of mass　共通の重心
outburst　アウトバースト（突発的な増光）

dust　塵

gas giant　巨大なガス惑星
Jupiter　木星

科学者たちは、この恒星の老化は今から約1万年から1万5000年前に「わし座」の近くで始まったと見ています。そのとき恒星の年齢は約100億歳でした。恒星が惑星を飲み込んだとき、高温の光の爆発があり、そのあと大量の塵が宇宙空間に放出されたと研究チームは述べました。

マサチューセッツ工科大学（MIT）の研究者であるキシャレイ・デー氏が、2020年にその光の爆発に気づいたのは偶然からでした。そのとき彼はカリフォルニア州サンディエゴに近いところにあるパロマー天文台の望遠鏡が捉えた映像を調べていたのです。

デー氏は、ある恒星の明るさが10日間で急に100倍以上になったので驚いたと述べています。デー氏はそのとき連星系を探していたのでした。連星とは、共通の重心の周囲を公転運動している2つの恒星です。大きいほうの恒星が小さいほうの恒星を飲み込むと、「アウトバースト」と呼ばれる光の爆発が発生します。

しかし、デー氏が調べると、そのアウトバーストの周囲にあるのは「冷たいガス」であることがわかり、したがって、連星系ではないと思われました。そこで、別の宇宙望遠鏡を使って調べると、その恒星は爆発の数カ月前に大量の塵を放出しはじめていたことがわかったのです。

科学者たちは恒星が膨張するのは以前、観測したことがありましたが、惑星を完全に飲み込む様子を観測できたのは今回が初めてでした。

研究者たちは、集めたデータから、飲み込まれた惑星は木星と同じくらいの質量の「巨大なガス惑星」であることがわかったと述べています。惑星は恒星にかなり接近していたため、わずか1日で恒星の軌道を一周できていたのでした。

The planet is believed to have "engulfed" the planet over a period of around 100 days, the team said. The bright explosion happened in the final 10 days as the planet was totally destroyed.

Miguel Montarges is an astronomer at the Paris Observatory who was not involved in the research. He told the French news agency AFP the star was thousands of degrees hotter than the planet when the destruction happened. He explained, "It's like putting an ice cube into a boiling pot."

Astronomers say the same event is expected to happen to other planets — including Mercury, Venus and Earth. De said our sun will likely reach its red giant period in about 5 billion years.

Astronomers do not know if more planets are circling the star at a safer distance. If so, De said they may have thousands of years before also getting swallowed up.

Now that they know what to look for, the researchers will be looking for more similar events. They believe thousands of planets around other stars will likely suffer the same fate as this one did.

Morgan MacLeod is a postdoctoral researcher at the Harvard-Smithsonian Center for Astrophysics in Massachusetts. He told Reuters news agency he finds it "humbling" to think about our own planet facing the same destruction. MacLeod noted that since Earth is much smaller, its destruction will not cause such an outburst.

"When Earth is eventually swallowed, the sun will hardly notice," he said.

I'm Bryan Lynn.

engulfed 飲み込まれた

その星は約100日かけて「飲み込まれ」、最後の10日間に光の爆発が起こり、惑星は完全に破壊されたのだと研究チームは報告しています。

Paris Observatory パリ天文台（フランスのパリ14区にあるフランス最大の天文台で、世界最大級の天文学研究センター）

パリ天文台の天文学者ミゲル・モンタルジェ氏は、この研究には参加していませんが、フランスの通信社AFPに、爆発が起きたとき、恒星の温度は惑星より数千度高かったはずだと述べています。それは「沸騰している鍋に氷を入れるようなもの」だったのです。

天文学者たちは、同じようなことが他の惑星、たとえば水星や金星、地球にも起こると予測しています。デー氏によれば、私たちの太陽は今後約50億年以内に「赤色巨星」の時期に入ると思われます。

Mercury 水星
Venus 金星

天文学者たちには、この恒星から安全な距離のところを公転している惑星がほかにもあるかどうかはわかっていません。もし、あるとすれば、それが同じく飲み込まれるのは何千年も後のことだろうとデー氏は述べています。

これで何を探索すべきかわかったので、研究者たちは同様の天体現象をさらに探求することでしょう。他の恒星の周囲でも、何千もの惑星がこの惑星と同じ運命をたどるだろうと研究者たちは考えています。

Harvard-Smithsonian Center for Astrophysics ハーバード・スミソニアン天体物理学センター
humbling ささいな、屈辱的な
our own planet 私たちの惑星、地球

マサチューセッツ州にあるハーバード・スミソニアン天体物理学センターのモーガン・マクラウド博士研究員はロイター通信に、私たちの地球が同じように飲み込まれる運命にあると考えるのは「ささいな」ことだと語っています。地球ははるかに小さいので、飲み込まれても今回のような爆発を引き起こすことはないだろうというのです。

「いずれ地球が飲み込まれるとき、太陽はほとんど気づかないでしょう」マクラウド氏はそう述べました。

ブライアン・リンがお伝えしました。

Why is Venus Called Earth's Evil Twin?

どうして金星は地球の邪悪な双子なんですか？

多くの生命体が生きる地球は、他の惑星と比べるととても特殊な惑星です。金星はそんな地球と多くの共通点を持っています。この記事では NASA の科学者が、金星が「地球の邪悪な双子」と呼ばれる天文学的な理由を解説します。

🔊 09

Why is Venus called Earth's evil twin?

Venus and Earth are sometimes called twins because they're pretty much about the same size. Venus is almost as big as Earth. They also formed in the same inner part of the solar system.

Venus is in fact our closest neighbor to Earth. So they were formed in the same part of the solar system, made out of the same materials. They're about the same size.

So you would think that they would have turned out very, very similar. But what happened is somewhere along the way, they went two very different paths. Some people like to say Venus went bad, or something went wrong. I like to say that somewhere along the way, something good happened on Earth.

But on Venus, what happened is its large, thick carbon dioxide atmosphere is driving a greenhouse effect. In fact, it's so hot on Venus that you can melt lead. The temperatures on the surface of Venus are over 900 degrees Fahrenheit, and then Venus is covered in a 15-mile-thick layer of clouds. And those clouds are made of sulfuric acid.

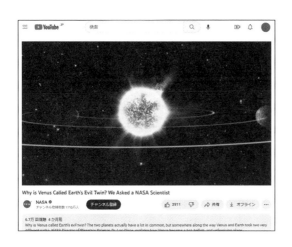

https://www.youtube.com/
watch?v=z8HB8jlWai8

Part
2

空間としての宇宙

Venus 金星	どうして金星は地球の邪悪な双子と呼ばれるんですか？
evil 不吉な、邪悪な	
pretty かなり、とても	金星と地球は、ほぼ同じ大きさなので、双子と呼ばれたりします。金星の大きさはほぼ地球と一緒なのです。また、両方とも、同じ太陽系の内側で形成されました。
solar system 太陽系	
form 形を作る、形成する	さらに、金星は地球に一番近い惑星でもあります。ですから、太陽系の中でも同じような場所で形成され、組成もよく似ています。しかもほぼ同じ大きさと来ています。
made out of... ～でできている	
somewhere along the way 道［過程］のどこかで	となると、2つの星はすごくよく似ているはずだと思いませんか？　ところが、実際には、どこか形成の過程で、2つの星は全く違う道をたどったんです。金星はダメだった、何かが誤りだったという人もいます。でも、私は、むしろ、地球に何かいいことが起きたと、言いたいです。
carbon dioxide 二酸化炭素	では、金星に何が起きたかというと、分厚くて巨大な二酸化炭素の大気が覆い、それが温室効果をもたらしました。実際、金星の表面はとても熱く、鉛を溶かせるほどです。金星の地表は華氏900度を超えるほど熱く、しかもその上を15マイルものぶ厚い雲が覆っています。しかも、これは硫酸の雲です。
melt 溶かす（ここでは他動詞としての用法）	
lead 鉛、鉛でできたもの	
degree Fahrenheit 華氏～度。アメリカで主に使われ、華氏1度分の上昇は摂氏約0.55度分にあたる	
sulfuric acid 硫酸	

So it is a crazy place, but really interesting. And we really want to understand why Venus and Earth turned out so differently.

So NASA and ESA are embarking on a decade of Venus, where together we're sending three missions where we're all going to learn more about how Venus formed, how it evolved, and why it's so different from Earth.

So why is Venus called Earth's evil twin? Well, they're twins because they're the same size and they formed of the same materials. But Venus is such a hot and crazy place, really not hospitable to life. So that's why sometimes she's called our evil twin.

turn out ～だと判明する

embark on （事業などを）始め
る、着手する

したがって、金星はとんでもないところですが、興
味をそそられるところでもあります。NASA では、
金星と地球がなぜこれほど違う姿になったのかを解
明したいと考えています。

その一環として、欧州宇宙機関（ESA）と、金星の
10 年というプロジェクトに取り組んでいます。こ
のプロジェクトでは、金星がどう形成され、進化し、
また、なぜ地球とこれほど違うのかをもっとよく知
るために、共同で 3 つのミッション（探査機）を送
り込むことになっています。

hospitable to ～を受け入れる
life 生命、生き物

それでは、なぜ金星は地球の邪悪な双子と呼ばれる
のでしょう？ 2 つの星が双子と呼ばれるのは、大き
さが同じで、ほぼ同じ組成だからです。それなのに、
金星は熱くてとんでもないところで、とても、生命
が住めるようなところではありません。だから、邪
悪な双子と呼ばれることがあるんですね。

Do Aliens Exist? We Asked a NASA Scientist

宇宙人はいますか？ NASAの科学者に聞きました

「この宇宙には、地球人以外にも知的生命体がいるのではないか」宇宙について学ぶとき、一度はそのようなことを考えたことがあるのではないでしょうか。この記事では、宇宙人の存在についての科学的な見解が紹介されています。

🔊 10

Do Aliens Exist?

That's a really interesting question and one that we have been trying to understand and explore and figure out for a really long time.

We have not yet discovered life on any other planet. We haven't seen any scientifically supported evidence for extraterrestrial life. But if we think about life on this planet, beyond the big things — the elephants, the whales, redwoods — and focus on the tiny things, nearly everywhere on Earth that we've looked, we've found microbial life, and our definition of "habitable" continues to expand. Off the Earth, we've only begun to look.

NASA has sent five rovers and four landers to the surface of Mars. In addition to that, our orbiters have been outfitted with some amazing cameras to take pictures of the whole surface of the planet. And we've only explored a tiny fraction of Mars. And that's only one of the promising bodies to look for life in our solar system.

https://www.youtube.com/
watch?v=iWrTGAReUdE

alien 宇宙人、異邦人	宇宙人はいますか？

すごく面白い質問ですね。同時に、私たちが長い間、解明したいと研究し、取り組んできている問いでもあります。

figure out 解明する、（答えを）見つけ出す

今のところ、地球以外の星に生き物は見つかっていません。地球の外に生命が存在する科学的な証拠も見つかっていないのです。でも、生き物といってもゾウやクジラ、セコイアみたいに大きなものだけではありません。もっと小さなものに目を向けると、微生物はそこら中で見つかります。その微生物の発見を通して、「生存できる」という言葉の定義が広がり続けています。地球以外での研究は、まだ始まったばかりです。

extraterrestrial 地球外の

redwood セコイア

microbial 微生物
habitable 住むことができる、居住可能である

NASA は、火星表面への探査機を 5 台、着陸機を 4 台送りました。さらに、観測機には、火星の表面全体を撮影する優れたカメラが搭載されています。われわれの火星探索は、ほんの部分的なものでしかありません。しかも、太陽系で生命体がいそうな星はほかにもあります。

rover 惑星探査機
lander （天体への）着陸船
orbiter （天体の軌道上を周回する）探査船
fraction （全体の）一部分

81

There are icy moons in the outer solar system, like Enceladus and Europa, that look like they may have subsurface oceans that could be habitable. And then that's just what's in our solar system. The more exoplanets we find around other stars, the more we learn about how many different environments could exist for life. So we can't yet say for sure whether or not aliens exist.

But to quote Carl Sagan: The universe is a pretty big place. If it's just us, it seems like an awful waste of space. So, we will keep looking.

Enceladus エンケラドス（土星の第2衛星。氷で覆われているが、その下には海があると考えられている）

Europa エウロパ（木星の第2衛星。同じく氷で覆われた地表の下に、海があると考えられている）

subsurface 地表の下にある〜

exoplanet 太陽系外惑星（太陽系の外に存在する惑星）

for sure 確かに、もちろん

universe 宇宙（space は「地球の外の宇宙」を指すが、universe は「地球を含めた宇宙」を指す）

太陽系外縁部には、エンケラドスやエウロパのように、生命が存在できそうな地下海があるのではないかと考えられる極低温の衛星があります。しかも、これは地球のある太陽系の中での話です。探索の範囲が広がって、太陽系外の惑星が他の星の周りで見つかるにつれ、生命が存在しそうなさまざまな環境についてもわかってきます。ですから、今はまだ、宇宙人がいるかどうか、まだはっきりとは言えません。

でも、（天文学者の）カール・セーガンは、宇宙は相当大きいと言いました。もし、地球にしか生命がいないとすれば、スペースのとんでもない無駄遣いでしょう。だから、私たちはこれからも探していきます。

地球から宇宙へ

解説：株式会社アクセルスペース

To the Space from the Earth

1981 年 4 月、スペースシャトル「**コロンビア号（Space Shuttle Columbia）**」がアメリカ・フロリダ州の**ケネディ宇宙センター（Kennedy Space Center、KSC）**から打ち上げられました。それまでの宇宙船とは異なり、このスペースシャトルは繰り返し地上と宇宙を往復できる、いわば再使用型宇宙船として NASA（アメリカ航空宇宙局）が開発したものです。その後、2011 年をもってスペースシャトルの運用は停止となり、以降はロケットが宇宙空間への輸送手段となりました。

地上から宇宙空間へ人や物を輸送するロケットに求められるのは、安く、失敗なく、乗り心地良く、確実に目的地に到達できることです。このロケットに関連するビジネスとしては、ロケットの開発・製造を行う会社と、打ち上げサービスを提供する会社に大きく分かれます。

自動車に大型車と軽自動車が、飛行機にジャンボ機と小型機があるように、ロケットにも大型ロケットと小型ロケットがあります。また、再利用が可能なロケットや使い捨てロケットなど、効率的に、低コストで宇宙空間へものを運べるロケットを形にしていくことに積極的に取り組む会社も出てきています。ロケットの開発には、部品供給会社（必要な部品を開発・製造し、ロケット製造会社に供給する会社）も重要な役割を果たしています。ロケットの部品には、姿勢制御装置や**推進装置（thruster）**、厳しい宇宙の温度環境に耐えられるような断熱材などがあります。それらは、搭載した人や物を安全に、確実に運ぶロケットを製造するためにはなくてはならない存在です。

完成したロケットは、ロケットの打ち上げサービス会社から、実際に宇宙空間に物を届けたい顧客に対して打ち上げ枠が提供されます。この打ち上げ枠ですが、搭載するものは多岐にわたり、また、1 つのロケットに複数の**ペイロード（payload、人工衛星や探査機、有人宇宙船などを指す）**を搭載することがあります。ロケット会社によっても、ロケットの種類やサイズによってもこのペイロードは異なり、打ち上げのタイミングや目指す軌道、搭載可能なペイロードの枠をもとに、顧客は打ち上げロケットを選定します。

このロケットが人や物を運ぶ目的地の1つに、国際宇宙ステーション（ISS）があります。ISSは地上から約400km上空に建設された有人実験施設です。計画がスタートしたのは1984年、その後1998年に宇宙空間での建設が始まり、2011年7月に完成しました。ISSの主な役割は宇宙の特殊な環境を利用した実験や研究を長期間行える場所を確保することです。ISSに滞在するクルー（宇宙飛行士）たちは実験や研究の傍ら、ISSの保守作業なども行っています。また、ISSへ人やものを運ぶロケットの打ち上げには、米国・フロリダ州のケネディ宇宙センターや、カザフスタン共和国の**バイコヌール宇宙基地（Baikonur Cosmodrome）**などが利用されています。2023年5月には、商業宇宙飛行ミッションに参加した宇宙飛行士も合流しました。

　しかし、運用開始から10年を迎えたISSは老朽化が進みつつあります。ISSは2030年で運用を終える見通しで、米国では民間企業数社がISSの後継の建設計画を公表、中国は独自の宇宙ステーションの本格運用開始を発表するなど、各国が「ポストISS」を見据えた開発を進めています。

写真はジョン・C・ステニス宇宙センターでの、ロケットエンジンテストの様子。ロケットの打ち上げ需要が増加するにつれ、致命的な事故の発生確率を下げるためのロケットエンジン動作テストの重要性が高まっています。
Photo: NASA/Stennis

ピックアップ　テーマ🔦を深掘るキーワード

宇宙への打ち上げ手段

Space Shuttle スペースシャトル（NASAが開発した有人宇宙船シリーズ、もしくはその打ち上げ計画。宇宙輸送システム[Space Transportation System]とも）

Sputnik スプートニク（旧ソ連が打ち上げた人工衛星、もしくはその打ち上げ計画。1957年のスプートニク1号は人類最初の人工衛星となった）

Apollo アポロ（アメリカが打ち上げた宇宙船、もしくはその打ち上げ計画。人類初の月面着陸は1969年のアポロ11号による）

reusable launch vehicle (RLV) 再使用型宇宙往還機（製造コスト削減を目的として、繰り返し打ち上げに用いることを想定した機体。スペースシャトルもその1つ）

expendable launch vehicle (ELV) 使い捨てロケット

lauch pad 発射台

宇宙機に搭載されるもの

Attitude and Orbit Control System 姿勢・軌道制御システム

multi layer insulation 多層断熱材

propulsion system 推進装置

NASA's Space Launch System Rocket Ready for Moon Launch on Artemis I

NASA、アルテミス I 計画のスペース・ローンチ・システムが月へ向けて打ち上げ準備完了

1972年にアポロ17号が有人月面着陸をしてからおよそ半世紀、人類はアルテミス計画で再び月面着陸を目指すことになりました。この記事では、アルテミス計画に使用される打ち上げシステムについて紹介しています。

🔊》 11

The Space Launch System is really the backbone of the Artemis missions. It's the truck. It's the big carry vehicle.

It allows us to carry both crew, as well as the equipment that we need to live and work on the Moon.

Sixty years ago, NASA was in a race to get to the Moon. This time is more than just a race. It's about establishing a long-term presence on the Moon.

Can you imagine rolling the Statue of Liberty out to put at the pad? That is what we are doing.

It will lift-up from Earth with more power than the Saturn V, which was the first vehicle to take us to the Moon.

Artemis is our next giant leap.

https://www.youtube.com/
watch?v=PwgDpGSm_n4

Space Launch System スペース・ローンチ・システム。NASA が開発・運用している大型打ち上げロケット
launch 発射、打ち上げ、〜を発射する・打ち上げる
Artemis NASA などによる有人宇宙飛行・月面着陸の計画。Artemis I はこの計画の初回のミッション
backbone 根幹、中枢。本来の意味は「背骨、脊柱」
both A, as well as B 「A も B も」。both A and B「A と B の両方」、A as well as B 「B のみならず A も」の二表現を混同したものと思われる

lift-up ここでは「(ロケットが) 離昇する、= lift off」という意味
Saturn V サターン V 型ロケット。1967 年〜 73 年のアメリカのアポロ計画とスカイラブ計画で使用された
giant leap 大きな飛躍・進歩

スペース・ローンチ・システムは、まさにアルテミス計画の根幹です。それはトラックです。大型の運搬車両です。

これで乗組員も、月で生活し作業をするために必要な装備も運ぶことができます。

60 年前、NASA は月到達レースのさなかにありました。今回は、単にレースにはとどまりません。月面での長期滞在の確保を目指しているのです。

自由の女神像を転がして(別の場所にある)クッションのところに置くことなんて想像できますか？私たちがやっているのは、そういうことなのです。

スペース・ローンチ・システムは、人類を初めて月に連れて行った乗り物であるサターン V ロケットよりも大きなパワーで離昇します。

アルテミス計画は、私たちの次なる大飛躍なのです。

The difference between the Apollo program and the Artemis program is really the focus on sustainability, and using the Moon as an outpost for further exploration.

This time we're going back to learn how to live and work on the Moon.

The Space Launch System really is a culmination of our knowledge for 60 years of building rockets.

We started by looking at over 1700 different potential components that would go into the rocket, and by looking at the way we could reuse some of the most reliable equipment that was flown on the shuttle.

We took those and we put them together into a system that had enough energy to make sense to do the mission that we've been asked to do.

We're moving from low-Earth orbit, like you see in the International Space Station today, to moving beyond that to taking the next step in exploration. It's 322 feet tall. It's got 700,000 gallons of cryogenic propellant in the core stage alone. It can produce 8.8 million pounds of vacuum thrust. The Space Launch System is really a national rocket, a national asset, too.

We have worked with contractors as well as with our NASA experts, our science and engineering department, our safety and mission assurance team.

To get the Space Launch System designed, developed and produced, it has taken thousands of companies across the country.

It comes together by train. It comes together by plane. It comes together by barges.

Apollo program アポロ計画。1961年～72年に実施されたNASAによる有人月着陸計画
sustainability 持続可能性
outpost 前哨基地

culmination 成果

look at ... ～を調べる・検討する
potential あり得る、可能性のある
component 部品、構成部分
reliable 信頼できる、信頼性の高い
flown fly（飛ばす）の過去分詞

make sense 意味をなす

low-Earth orbit 地球周回低軌道（地上200km～1000kmの高さ）
gallon ガロン。アメリカでは液量の単位で、1ガロンは約3.78リットル
cryogenic propellant 極低温推進剤。通常の燃料を使用できない宇宙空間で用いられる
core stage 多段式ロケットの中核となる段
pound ポンド。1ポンドは約453g
vacuum thrust 真空における推力
contractor 契約者、請負人
engineering 工学
safety and mission assurance (SMA) 安全とミッションの保証。宇宙システム全体の機能保証

barge 平底の荷船

アポロ計画とアルテミス計画との違いは、実のところ、持続可能性に焦点を当てること、探査をさらに進めるために月を前哨基地として利用することです。

今回は、月でどのように暮らし働くかを学ぶことに立ち戻りましょう。

スペース・ローンチ・システムは確かに、私たちの60年にわたるロケット製造の知識の結実です。

私たちはまず、ロケットに搭載されるかもしれない1700を超える部品を調べ、スペースシャトルで用いられた最も信頼性の高い機器の中のいくつかを利用できる方法を調べることから始めました。

それらを取り上げ、私たちが求められている使命を遂行するに足る力を備えたシステムにまとめ上げたのです。

私たちは、現在の国際宇宙ステーションのような地球周回低軌道から、探査の次なる段階へと進もうとしています。322フィートの高さです。コアステージだけで70万ガロンの極低温推進剤が搭載されています。880万ポンドの真空推力を出すことが可能です。スペース・ローンチ・システムはまぎれもなく国家的なロケットであり、国家の財産でもあります。

私たちは、NASAの専門家たち、理工部門、安全とミッションの保証チームはもちろん、外部の契約業者からの協力も得ました。

スペース・ローンチ・システムの設計、開発、製造には、全国の何千もの企業の力が必要でした。

それ（ロケットの部品）は電車で集まります。飛行機で集まります。荷船で集まります。

All of that culminates at the Kennedy Space Center for the launch of the first Artemis mission.

Everybody has worked together to make sure we have a safe and reliable rocket.

At NASA, safety and testing is extremely important because ultimately this rocket isn't meant just to carry cargo, it's meant to carry people.

It takes all types of education, all types of backgrounds, all types of diversity to do the things we do, and it'll be great to see a diverse crew land on the moon.

Where the Space Launch System comes in is providing that reliable transportation, so that we can start flying these rockets on a routine basis to take people and to take payload to that outpost, the Moon and also the Gateway system.

We have a generation who have never seen deep space exploration, and this will give them an opportunity to see that this is something that they can potentially do themselves.

It's going to be a paradigm shift for NASA.

We're going to be back to looking at things that nobody's ever done before.

culminate　ついに〜となる

make sure ...　〜を確実にする、
確実に〜する

extremely　きわめて、極度に
ultimately　最終的には
be meant to do　〜することに
なっている
cargo　貨物
background　（人の）背景（学歴、
経験、基礎知識など）
diversity　多様性
land　着陸する、到着する

where　〜する所（先行詞を伴わ
ない関係代名詞）
comes in　役割を担う
fly　〜を飛ばす
on a routine basis　定期的に
payload　ペイロード。宇宙開発・
探査においては、ロケットで大気圏
外に運ばれて使用される機器を指す
Gateway　ゲートウェイ。アルテ
ミス計画において、月を周回する軌
道上に建設することが予定されてい
る有人拠点の名称
deep space exploration　深
宇宙探査。宇宙の遠方の領域の探査
を指すが、宇宙探査・開発の分野で
は、月も含まれるのが一般的
paradigm shift　パラダイムシフ
ト（価値観、思想や方法論の大転換）

こうした動きのすべてが、アルテミス計画の初の打
ち上げのために、最終的にケネディ宇宙センターに
集結するのです。

安全で信頼性の高いロケットにしようと、全員がと
もに働いています。

NASA では安全と検査がきわめて重要です。最終的
にこのロケットは、ただ荷を運ぶためのものでなく、
人を運ぶためのものなのですから。

私たちの仕事には、あらゆる種類の教育、あらゆる
種類の関連知識と経験、あらゆる種類の多様性が求
められますから、多様な乗組員が月に降り立つのは
素晴らしいことです。

スペース・ローンチ・システムが目指しているのは、
信頼できる輸送手段を提供することです。定期的に
これらのロケットを運行し、人やペイロードを前哨
基地や月、さらにゲートウェイにも運ぶことができ
るようにするためです。

深宇宙探査を見たことのない世代もいます。スペー
ス・ローンチ・システムはこの世代の人たちに、自
分たちにもこれができるかもしれないのだと理解す
る機会を与えるでしょう。

それは NASA にとってのパラダイムシフトとなり
ます。

私たちは、今までに誰もやっていないことの検討に
戻りましょう。

Part
2

空間としての宇宙

#BeAnAstronaut: Why Did You Want to Be an Astronaut?

#宇宙飛行士になる：なぜ宇宙飛行士になりたいと思ったのか

子供の頃、宇宙飛行士に憧れていた人も多いのではないでしょうか。2021 年には JAXA が 13 年ぶりの募集をしたことで話題になりました。この記事では宇宙飛行士になる夢を叶えた人たちへのインタビューを紹介します。

🔊 12

(Crew 1) I think there were a lot of reasons I wanted to be an astronaut.

(Crew 2) As long as I can remember, I've wanted to be an explorer.

(Crew 3) I wanted to explore.

(Crew 4) I want to explore.

(Crew 1) I have always had a sense of adventure.

(Crew 4) I loved being outside, I loved discovering new things.

(Crew 5) I wanted to be an astronaut because I've always been very curious about the world around me and because I've always wanted to explore that world. This is the logical extension of all that.

(Crew 1) You know, when I learned about the explorers back in elementary school and junior high, I thought, "Wow, that's so exciting to go step out and venture into new land."

https://www.youtube.com/
watch?v=pFyFvR58wN8

astronaut 宇宙飛行士

as long as ... 〜である限りは
explorer 探検家、探究者

a sense of 〜の感じ
adventure 冒険
being outside 外にいること
（この outside は形容詞）
discover 〜を発見する
curious 好奇心の強い、〜したがる
logical extension 論理的な延
長（線上にあるもの）
you know あの、ええと、ねえ（く
だけた口語表現）
elementary school 小学校
junior high= junior high
school 中学校
venture into ... 思い切って足
を踏み入れる・挑む

（クルー1）私が宇宙飛行士になりたいと思った理由
はたくさんあったと思います。

（クルー2）覚えている限りでは、私は探検家になり
たいと思っていました。

（クルー3）私は探検したかった。

（クルー4）私は探検してみたい。

（クルー1）私にはいつも冒険心がありました。

（クルー4）外に出ているのが大好きで、新しいもの
を発見するのが大好きでした。

（クルー5）私が宇宙飛行士になりたいと思ったの
は、自分の周りの世界にいつもとても興味があった
から、そしてその世界を探検したいといつも思って
いたからです。この話はそうしたことすべての論理
的な延長なのです。

（クルー1）そうですねえ、小学校、中学校で探検家
について教わったときには、「わあ、外の世界へ踏
み出して新しい土地を探検するなんて、すごくわく
わくする」と思いましたね。

(Crew 3) And there's no greater place for me to start exploring and going further than as an astronaut.

(Crew 6) Since I was a little kid, being an astronaut is all I ever wanted to do.

(Crew 2) Growing up in Houston, NASA was a part of my life early on. Ever since I can remember, I've loved aerospace.

(Crew 7) As a young kid, around six years old, I got to watch STS-1 blast off and that is really what sparked my passion for spaceflight.

(Crew 8) I didn't always want to be an astronaut. I don't think I really realized it until partway through college or even after college.

(Crew 9) I think as a child I wanted to be an astronaut because that seemed to be a popular thing to say, that you wanted to be an astronaut. And as I got older, I think it evolved into more the idea of getting to be part of something where you're pushing the bounds of human knowledge and exploring the unknown.

(Crew 10) I wanted to be an astronaut to combine two passions of mine — one of which was technical problem solving, which I did as an engineer, and the other was operations that I used to do search and rescue. And so, I always had these two loves and I thought that being an astronaut was a way to both train for and work on operations, but also solve technical problems.

(Crew 1) I've always liked science, math, technology. Those subjects have [been] just naturally what I've gravitated towards.

place　境遇、立場

being an astronaut　宇宙飛行士であること

aerospace　航空宇宙科学、航空宇宙産業

watch ... do　…が〜するのを見守る

blast off　発進する、飛び立つ

spark　〜を引き起こす、〜をかき立てる

realize　実感をもって〜がわかる

partway　（〜の）途中まで

push　〜を押し開いて進む

bounds　限界、限度、範囲

unknown　未知のものごと

combine　〜を結合する

technical problem solving　技術的問題を解決すること

operations　活動、作戦

search and rescue　救難、捜索救助

math= mathematics　数学

subject　科目、教科

gravitate　引きつけられる

Part 2　空間としての宇宙

（クルー3）そして私にとっては、探検を始めてさらに先まで行くために、宇宙飛行士であることほどよい境遇はないのです。

（クルー6）幼い頃から、宇宙飛行士になることだけが私の望みでした。

（クルー2）ヒューストンで育った私にとって、NASA は早くから私の人生の一部でした。私は物心ついた頃から、航空宇宙科学が大好きでした。

（クルー7）幼い頃、6歳くらいでしたね、（スペースシャトルのミッションである）STS-1 の打ち上げを見られたことが、私の宇宙飛行への気持ちに本当に火を付けました。

（クルー8）私は、いつも変わらず宇宙飛行士になりたかったわけではありません。大学生の間も、大学を卒業してからでさえも、そのことを実感していなかったと思います。

（クルー9）子供の頃「宇宙飛行士になりたい」というのが流行っていたようなので、自分も宇宙飛行士になりたかったのだと思います。そして、年齢を重ねるにつれて、それが、人類の知識の限界を押し広げ未知の領域を探検する活動の一員になるという考えに発展したのだと思います。

（クルー10）私は自分の大好きなもの2つを結びつけるために宇宙飛行士になりたかったのです。1つは、技術的問題の解決で、これは私がエンジニアとしてやっていたことです。もう1つは、私がかつて捜索救助でおこなっていた活動です。そんなわけで、私はこの2つに愛着があって、宇宙飛行士になれば、捜索救助活動の訓練と実践の両方をしながら、さらに技術的問題の解決もできると思ったのです。

（クルー1）私は昔からいつでもずっと、科学、数学、テクノロジーが好きでした。これらの科目に、私は自然に引き寄せられるのです。

(Crew 11) I wanted to be an astronaut because I was excited about working on a team, doing amazing things that had never been done before.

(Crew 1) The camaraderie and the team aspect of it, you know, NASA is one of the greatest examples of what you can do with a team of people working together. And so I think all those things appealed to me.

(Crew 6) I have always been passionate about space. There's something about space that has always interested me and pulled me and inspired me.

(Crew 8) And the chance to work for NASA and for the International Space Station and wherever our space program was going, to me just seemed like a chance to be part of the ultimate field work endeavor.

(Crew 12) I wanted to be an astronaut because I wanted to continue to be a part of something bigger than myself and contributing to human space exploration is a challenge that I just couldn't pass up.

(Crew 13) I thought that space exploration is one of the most inspiring platforms to be able to leave a positive contribution. But, most importantly, to inspire the next generation to achieve their dreams.

work on a team チームで仕事をする	（クルー 11）私が宇宙飛行士になりたいと思ったのは、チームで仕事をしたり、それまでになかった素晴らしいことをするというのにわくわくしたからです。
camaraderie 仲間意識、友愛	（クルー 1）そこにある仲間意識とチームという側面っていうかな、NASA は人々がチームとして一緒に働くことができることを示す最高の一例です。で、そうしたこと全部が私には魅力的だったのだと思います。
appeal （人の心に）訴える	
passionate 熱中して、熱烈な **pull** 〜を引き寄せる **inspire** 〜を鼓舞する、奮い立たせる	（クルー 6）私はずっと、宇宙に熱中していました。宇宙には、私の興味を引き、私を引き寄せ、奮い立たせてくれる何かがあるのです。
ultimate 究極の **endeavor** 努力、活動、取り組み	（クルー 8）そして、NASA と国際宇宙ステーションで、またどこであっても私たちの宇宙計画が進行しているところで働く機会は、私には究極のフィールドワークの試みに参加する機会のように思われました。
contribute to ... 〜に貢献・寄与する **pass up** （機会など）を逃す、見送る	（クルー 12）私が宇宙飛行士になりたいと思ったのは、自分より大きなものの一部分であり続けたかったからで、有人宇宙探査に貢献することは私には逃すことなどできない挑戦でした。
platform （活動などの）舞台 **positive contribution** 有益な貢献、前向きな貢献 **most importantly** 最も重要なことには **next generation** 次世代 **achieve** 〜を達成する、成し遂げる	（クルー 13）宇宙探査は有益な貢献を残すことができる、最もやりがいのある活動の舞台だと、私は思いました。けれど一番重要なのは、その舞台が夢を実現するように次世代を奮い立たせるものだということです。

Part
2

空間としての宇宙

開拓されはじめる宇宙

Begining To Develop Space

　宇宙の開拓は新しい時代を迎えようとしています。再び人類が月へ、そしてさらに火星へと飛び立つ時代です。

　人類が本格的に宇宙を目指しはじめたのは冷戦時代、ロケット開発や科学技術の優位性を示すプロパガンダを目的に、アメリカとソ連で国家的プロジェクトとして進められました。1957年にソ連が人工衛星「**スプートニク1号 (Sputnik 1)**」の打ち上げを成功させたことを皮切りに、**宇宙開発競争 (Space Race)** の時代に突入します。1961年には「**地球は青かった (The earth was bluish.)**」という台詞で有名なソ連のガガーリン宇宙飛行士が人類初の有人宇宙飛行に成功しました。そして、宇宙開発で常にソ連に「人類初」を奪われ続けた米国が国家の威信をかけて進めたのが**アポロ計画 (Apollo program)** です。そして遂に、1969年7月20日にアポロ11号が人類初の月面着陸を達成しました。アームストロング船長の「**人間にとっては小さな一歩だが人類にとっては偉大な一歩だ。(That's one small step for man, one giant leap for mankind)**」の言葉のとおり、人類史に大きな足跡を刻んだ出来事です。しかしその後、宇宙の有人探査はコストやリスクの大きさに対してリターンが小さいとされ、冷戦の緊張緩和もあって優先度が薄れ、宇宙開発は「Faster Better Cheaper（より早く、より良く、より安く）」へと方針が移り変わっていきました。そして1972年のアポロ17号の月面着陸を最後に、2023年現在まで50年以上も月に足を踏み入れていない期間が続くこととなります。

　2017年に米国主導の月面探査プログラム「**アルテミス計画 (Artemis program)**」が発表されました。アルテミス計画には複数段階の挑戦的なミッションが含まれています。**宇宙船オリオン (Orion Spacecraft)** で月まで人類を送り届ける計画。月周回軌道上に月周回有人拠点「**ゲートウェイ (Gateway)**」を建設する計画。商業パートナーと連携して月面に物資を輸送する計画。月面での長期滞在や持続的な活動を可能とするための「アルテミスベースキャンプ」を建設する計画。そしてこれらの計画を足がかりとして、月を経由して最初の宇宙飛行士を火星に送り込むことが目指されています。

とはいえ、この壮大な計画はまだ始まったばかりです。ただ月に行くだけにしても、近年の宇宙探査は地球近傍や小型の探査機が主流だったために、新しい有人宇宙船「Orion」の開発、月に有人宇宙船を発射するための大型ロケット「**SLS（Space Launch System）**」の開発、月面用宇宙服の開発、とさまざまな準備が必要です。

人類を月面に送る計画は3段階で計画されています。2022年11月16日に実行されたアルテミスⅠは月周回宇宙発射システムとオリオン宇宙船の無人飛行試験で、月を越えこれまでのどの宇宙船よりも遠距離の飛行を成功させ地球に帰還しました。アルテミスⅡは2024年に予定されており、月を周回する有人飛行試験となります。人間が実際に月面に着陸するのはアルテミスⅢで、2025年以降を目標に進行しています。

中国もまた、アメリカに対抗し2028年までに月面基地建設を完成させる計画を明らかにしています。国内ではあまり話題になりませんが、中国の宇宙開拓は非常に速いスピードで進んでいます。月面探査機「嫦娥（じょうが）4号」を月の裏側に着陸させたり、月面から岩石サンプルを持ち帰ったりするなど、月探査の分野でも先進的な技術を示しています。

国際宇宙ステーションは、人類の宇宙空間での長期滞在を可能にする現在唯一のプラットフォームです。今後新しい宇宙ステーションの開発が進めば、より多くの人が宇宙に滞在する機会を得られるようになるでしょう。
Photo: NASA

ピックアップ　テーマ 🔨 を深掘るキーワード

探査の進む宇宙空間

deep space 深宇宙（NASAで使用される場合、地球・月軌道を超えた範囲の宇宙空間を指す）

Heliosphere 太陽圏（太陽風が届く範囲を指す。この外側は星間空間［interstellar space］と呼ばれ、さまざまな物質・放射線が飛び交っている）

Heliopause ヘリオポーズ（太陽圏と星間空間の境目）

exoplanet 太陽系外惑星

宇宙進出のための手段

lander 天体着陸船

rover 天体探査機

spacesuit 宇宙服

宇宙進出の障害

Near Earth Object (NEO) 地球近傍天体（地球に接近する軌道にある天体の総称）

cosmic rays 宇宙線

regolith レゴリス、表土（天体表面の堆積物を指す。天体自体の破片だけでなく、他の天体と衝突した際の破片も含まれる）

Why the Moon?

どうして月なのですか？

人類はなぜ再び、すでに達成されたはずの有人月面着陸という偉業に挑もうとしているのでしょうか？　この記事では、その理由について語られています。宇宙空間へ、月へ、そして火星へ。有人月面着陸は小さな一歩にすぎません。

 13

We are going.

The history of this agency is marked with broken barriers — once viewed as impossible — with science fiction turned reality, with innovations that have spun industries all their own, and with demonstrations of peace for all humankind.

We soar in the skies of our home planet. We maintain a human presence just outside of gravity and we touch points all across the solar system and beyond. We're going back to the moon, and this is why.

"The moon is a treasure trove of science." "It holds opportunities for us to make discoveries about our home planet, about our sun." "And about our solar system." "The wealth of knowledge to be gleaned from the moon will inspire a new generation of thought and action."

"Without fail, every major program and mission NASA has invested in has led to technologies and capabilities that have shaped our culture."

The breakthroughs of the Artemis era will define our generation and the generations to follow.

https://www.youtube.com/
watch?v=bmC-FwibsZg

Why the Moon?
116万 回視聴 1年前 …もっと見る

NASA 1116万

チャンネル登録

👍 5.9万 👎   共有   💾 保存 🚩 報告

私たちは前進しています。

this agency この組織・機関（ここでは NASA を指す）
be marked with ... 〜が刻まれている、〜で知られている

この組織（NASA）の歴史は、――かつて不可能と思われていた――いくつもの障壁を打ち破ってきたことで彩られています。たとえば、SF の世界が現実となり、技術革新が独自に数々の産業を生み出し、そして人類の平和共存を実証しました。

soar 飛翔する、滑空する
all across 〜の全域を、〜を隈なく

私たちは故郷である地球の空高く飛行します。私たちは重力圏のすぐ外側で人類の滞在を続け、太陽系の隅々まで、そしてその先を探索しています。私たちは再び月を目指します。その理由は次のとおりです。

treasure trove 宝庫、宝の山

glean 収集する、探り出す

「月は貴重な科学知識の宝庫です」「月は私たちが故郷である地球、太陽について数々の新発見をする機会を提供してくれます」「そして太陽系についてもです」「月で収集される豊富な知識は、次世代の思考と行動を刺激することになるでしょう」

capability 能力、素質（実行能力に焦点を当てた「可能性」）

「例外なく、NASA が投資してきた主要なプログラムとミッションは、いずれも私たちの文化を形成してきたテクノロジーや可能性を生み出してきました」

アルテミス時代の数々の飛躍的発展は、私たちの世代とその後の世代を特徴づけることになるでしょう。

"The tens of thousands of jobs associated with propelling us to the moon today are just the beginning of a lunar economy that will see hundreds of thousands of new jobs develop around the world."

"This is not an ambition of one entity or one country. The exploration of the moon is a shared effort." "Woven together by a desire for the greater good."

Why the moon? Because the missions of tomorrow will be sparked by the accomplishments of the Artemis generation today. Because the ambition to go has already begun. And because Mars is calling.

We need to learn what it takes to establish community on another cosmic shore. So let's camp close before pushing out.

And so, we go to the moon now not as a series of isolated missions, but to build a community on and around the moon capable of proving how to live on other worlds.

We'll use the lessons for more than 50 years of peaceful exploration to send a new generation to the lunar surface to stay.

"We will anchor our efforts on the lunar south pole to establish the Artemis-based camp." "Positioning us for long-term science and exploration of the lunar surface."

We will prove what it takes to assemble a complex ship in deep space.

We will perfect descending down to and returning from a distant surface.

propel　進ませる
lunar economy　月面経済 [月に関連する輸送、データ、資源などを活用することで生まれる産業]

greater good　公共の利益

spark　〜のきっかけとなる、〜を活気づける
accomplishment　達成、成就

push out　〜を押し広げる

isolated　孤立した、単独の
community　コミュニティ、共同体

anchor　〜をしっかりと固定する、支える

lunar　月の、月面の

prove　証明する、検証する

perfect　完全にする、完成させる
descend　降りる、降下する

今日、私たちを月に送り込むことに関連する何万もの雇用は、世界中で数十万もの新たな雇用が生み出されることになる「月面経済」の始まりにすぎません。

「これは 1 つの組織や 1 つの国の願望なのではありません。月の探査は人類共通の取り組みです」「公共の利益への願望とも一体化しているのです」

なぜ月なのか？　その理由は、未来のミッションが、現在のアルテミス世代の成果によって活気づけられるからです。なぜなら、月へ行く計画はもう始まっているからです。そして火星が私たちを呼んでいるからです。

私たちは別の天体の地表にコミュニティを築くためには何が必要なのか学ぶ必要があります。ですから、遠く（火星）へ乗り出す前に近くでキャンプするのです。

そこで、今回、私たちが月に行くのは、一連の個別のミッションとしてではなく、別の世界でどうすれば生存できるのかを実証できるコミュニティを月やその周辺に構築するためなのです。

私たちは、50 年以上にわたる平和的な宇宙探査からの教訓を生かし、新しい世代を月面に滞在させるために送り込みます。

「私たちは、アルテミス計画に基づくキャンプを築くために月の南極に努力を集中させます」「月面での長期的な科学プロジェクトと探査に向けて態勢を整えます」

私たちは、深宇宙で複雑な宇宙船を組み立てるのに何が必要となるのか検証します。

私たちは、遠い天体の地表での離着陸の技術を完成させます。

Part
2

空間としての宇宙

We will learn how humans can survive and thrive in a partial gravity environment, with improved space suit designs, mobile habitats, and with reconnaissance robots pre-positioning and relocating supplies.

We will learn how to utilize the resources we find on these other worlds, starting with finding water ice and purifying it to drinkable water. And refining that into hydrogen for fuel and oxygen to breathe.

We will establish fission power plants on the surface of the moon capable of supporting a growing community of efforts.

And we will expand the logistics supply chain, to enable commercial and international partners, to resupply and refuel deep space outposts.

None of this is simple, or easy, but nothing in our history ever has been.

"The Eagle has landed. We got a bunch of guys about to turn blue. We're breathing again. Thanks a lot."

This kind of continuous lunar presence is a natural extension of all that we've learned in low earth orbit. And what we will accomplish there will ensure the monumental missions to Mars are within reach.

As we ready the launch of the first Artemis mission and as commercial companies ready their lunar landers for the first private payload deliveries, we have already begun to take the next step.

partial gravity （無重力と 1G
との間の）低重力、部分重力［1G
＝地球の重力加速度（9.8m/s²）］
habitat 居住環境、居住地
reconnaissance 偵察、調査
pre-position ～を事前に配置す
る

purify 浄化する、きれいにする
refine 精製する、不純物を取り除く

fission power plant 核分裂発
電所

logistics 物流

outpost 前哨基地

Eagle イーグル［アポロ 11 号で
使用された月着陸船］
turn blue （恐怖などで顔色が）
真っ青になる
continuous lunar presence
継続的な月面での居住
natural extension 自然な延長

payload ペイロード（ここでは
余剰の貨物重量を活かして輸送する
物資を指す）

私たちは、デザインを改良した宇宙服や、移動可能な
居住空間、物資を事前に配置したり再配置したりする
調査ロボットなどを利用し、人間が低重力環境でどの
ようにすれば生存でき、繁栄できるのかを探ります。

私たちは、こうした異なる世界で発見した資源の活
用方法を研究する予定ですが、手始めに氷状の水を
見つけてそれを飲料水になるよう浄化します。さら
にそれを精製して、燃料となる水素と呼吸するため
の酸素を取り出します。

私たちは、月面で成長するコミュニティを維持する
ことを可能にする核分裂発電所を建設します。

そして私たちは物流サプライチェーンを拡大し、民
間および国際的パートナーが深宇宙の前哨基地に物
資や燃料の補給ができるようにします。

こうしたことは、どれも単純なことでも簡単なこと
でもありませんが、そもそも私たちの歴史の中では
常にあらゆることが簡単ではなかったのです。

「イーグル（月着陸船）は着地した。多くの連中の
顔が青ざめかけていたよ。みんな、ほっと一息つい
ている。本当にありがとう」

このように継続的に月に居住することは、私たちが
地球低軌道で学んだあらゆることの自然な延長で
す。そして私たちがそこで達成することは、火星へ
の歴史的なミッションが確実に手の届くところにあ
ることを保証するでしょう。

最初のアルテミス計画の打ち上げの準備を整え、民
間企業が最初の商業月面輸送サービスによる物資の
輸送に向けて月着陸船の準備を整える中、私たちは
すでに次のステップを歩み始めています。

Japanese Researchers Plan to Recreate Earth's Gravity on Moon

日本の研究者たち、月で地球の重力を発生させる研究

アルテミス計画は月へ、そして月から火星へと人類を送り込むための計画です。月面に降り立つだけでなく、月での長期的な滞在を可能としなければいけません。この記事では、月での居住に必要となるインフラの1つを取り上げています。

🔊 14

Japanese researchers have released plans to recreate Earth's level of gravity on the moon.

The effort aims to support plans by the United States and other nations to establish long-term bases for humans on the moon.

The low gravity on the moon would affect humans living there in important ways. The American space agency NASA notes that gravity on the surface of the moon is one-sixth the gravity we experience on Earth.

How to "make" gravity

Designers working on plans to recreate Earth's level of gravity, known as "1 g," on the moon are proposing the use of a centrifugal system. Centrifugal force is created by circular motion. A centrifuge machine turns very fast to force material in it away from a center or axis point, NASA explains.

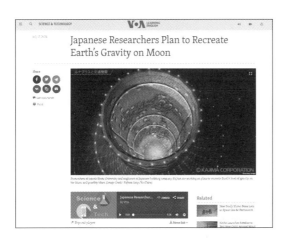

recreate 再現［再構築］する
gravity 重力
release 公表［発表］する

long-term base 長期滞在型基地

low gravity 低重力
American space agency
NASA アメリカ航空宇宙局、NASA
（NASA = National Aeronautics and
Space Administration）
note 指摘する

1 g 1G（イチジー。地球上の重力）
centrifugal system 遠心力発生
装置

axis point 軸点

日本の研究者たちが、月表面で地球と同じ程度の重力を発生させるという構想を発表しました。

この研究プロジェクトの目的は、月面に人間が長期滞在する基地を構築しようとするアメリカなど複数の国の宇宙計画を支援することです。

月表面の低重力は、そこに人間が住んだ場合、大きな影響を及ぼします。アメリカ航空宇宙局 NASA によれば、月表面の重力は私たちが地球で経験する重力の6分の1しかありません。

重力をどのようにして「発生」させるか

地球の重力「1G」を月で発生させることに取り組んでいる設計者たちは、遠心力発生装置を使うことを提唱しています。遠心力は回転運動によって発生します。遠心力装置が高速で回転すると、その中にある物質は中心軸から遠ざかっていくと NASA は説明しています。

This planned system would create artificial gravity within an enclosed space on the moon's surface.

The project is a partnership between researchers at Japan's Kyoto University and engineers at Japanese building company Kajima. The researchers said a centrifugal system could also work on Mars. The two organizations recently announced they will launch a joint study on developing the living environments.

"Humanity is now moving from the era of 'staying' in space to the era of 'living' on the Moon and Mars," said a statement issued by Kyoto University's SIC Human Spaceology Center.

The researchers said they plan to "develop an infrastructure" to support human life on the moon and Mars. This would involve building "artificial gravity habitats" in both places.

The huge, planned structures will be designed with living spaces, as well as small forests and waterfronts. The team is calling its moon project Lunar Glass. It says a simplified version of the structure could be built on the moon by 2050.

Yosuke Yamashiki is the director of the SIC Human Spaceology Center. He told Japan's Asahi Shimbun newspaper, "There is no plan like this in other countries' space development plans." Yamashiki added that the plan "represents important technologies" that will permit humans to move to space for long periods.

artificial gravity 人工重力
enclosed space 密閉された
空間

building company Kajima 鹿
島建設（株）
Mars 火星
joint study 共同研究

humanity 人類
**SIC Human Spaceology
Center** （京都大学の）SIC 有人
宇宙学研究センター（SIC＝ソーシ
ャル・イノベーション・センター）

artificial gravity habitat
人工重力居住施設

waterfront ウォーターフロン
ト、水辺
Lunar Glass ルナグラス

Yosuke Yamashiki 山敷庸亮
（京都大学教授）

represent 〜に相当する、〜の
一例［好例］である

研究チームが計画しているこのシステムが、月面に
設置された密閉空間内に人工重力を作り出すことに
なります。

この研究プロジェクトは、日本の京都大学の研究者
たちと鹿島建設のエンジニアたちの共同研究です。
研究者たちは、遠心力発生装置はおそらく火星でも
機能するだろうと述べています。京都大学と鹿島建
設は最近、月に設置する居住施設を開発する共同研
究を開始すると発表しました。

「人類は現在、宇宙に『滞在』する時代から月や火
星に『住む』時代へと移行しつつある」京都大学の
SIC 人間宇宙学センターが発表した計画書にはそう
述べてあります。

研究者たちは、月や火星に人間が住むことをサポー
トするための「インフラを開発する」ことを目指し
ており、そのためには月や火星に「人工重力居住施
設」を構築する必要があるとしています。

計画されている巨大な構造物には、居住空間以外に
ちょっとした森林や水辺も設計されるでしょう。研
究チームはこの月プロジェクトを「ルナグラス」と
名付け、その簡易化したものを 2050 年までに月面
に構築する予定です。

山敷庸亮氏は、（京都大学の）SIC 有人宇宙学研究
センター長です。彼は日本の朝日新聞の取材に対し、
「このような計画は他の国の宇宙開発計画にはない」
として、これは人類が宇宙に長期滞在することを可
能にするための「重要な技術の一例である」と語り
ました。

U.S., Russia, China plan long-term space projects

The American space agency NASA plans on returning humans to the moon as early as 2025 as part of its Artemis program. The program also calls for establishing a long-term base on the moon that could one day launch astronauts to Mars.

Last year, China and Russia signed an agreement to set up an international lunar research station on the surface of the moon.

And American billionaire and SpaceX chief Elon Musk has said he wants to launch humans to Mars on his company's rockets by 2030.

Why is gravity important for humans?

The Japanese researchers say one of the main purposes of the artificial gravity environments is to permit people to stay on the moon or Mars without suffering bad physical effects. Several studies have shown that the human body can be harmed by the lack of gravity in space.

The team said in a statement that an artificial gravity environment could make it possible for humans to give birth on places like the moon or Mars. In addition, children could develop and grow normally. The researchers note, however, that much study and testing will be needed to identify the true health benefits of artificial gravity in space.

By living in such environments, "human beings will be able to have children without anxiety and maintain a physical condition that allows them to return to Earth at any time," the researchers said.

米・中・露は長期滞在型宇宙プロジェクトを計画

アメリカ航空宇宙局 NASA は「アルテミス計画」の一環として、早ければ 2025 年にも人類を再び月面に送ることを計画しています。この計画は、いずれ火星に宇宙飛行士を送るための拠点として、月に長期滞在型の基地を建設することも提唱しています。

昨年、中国とロシアは月面研究基地（ILRS）を建設する合意書に署名しました。

そしてアメリカの億万長者で SpaceX の CEO イーロン・マスク氏は、2030 年までに自社開発のロケットで人類を火星に送りたいと述べています。

重力はなぜ人間にとって大事なのか

日本の研究者たちは、人工重力環境を作る主要な目的の 1 つは、人間が物理的に悪影響を受けることなく、月や火星に滞在できるようにするためと述べています。これまでの複数の研究から、人体は宇宙の無重力下ではさまざまな影響を受けることがわかっています。

研究チームは計画書の中で、「人工重力居住施設」があると人類は月や火星のような場所でも出産が可能になり、子供たちは正常に成長することができるかもしれないと述べています。しかし人工重力が宇宙で人間の健康に本当に役立つかどうかを明らかにするには、多くの研究と実験が必要になるだろうと研究者たちは指摘しています。

そのような環境に住むことができれば、「人類は安心して子供を産み、いつでも地球に帰還できる身体の維持が可能になるだろう」と研究者たちは言います。

as early as　早ければ〜で［にも］
call for　提唱する
launch astronauts to　宇宙飛行士を（宇宙船で）〜へ送り出す

American billionaire and SpaceX chief Elon Musk
アメリカの億万長者で SpaceX の CEO であるイーロン・マスク

health benefit　健康上の利点

anxiety　不安、心配

Another part of the project involves plans to build a transportation system to travel between Earth, the moon and Mars. The so-called "Hexagon Space Track" would use the same artificial gravity technology as the proposed structures, the researchers said. The system would be designed to permit vehicles to stop at "stations" — built on satellites — orbiting the moon or Mars.

I'm Bryan Lynn.

transportation system 交通
網、交通システム

Hexagon Space Track ヘキ
サトラック（六角形の宇宙鉄道、惑星
間を移動する人工重力交通システム）
satellite 衛星
orbiting 軌道を回る

この研究プロジェクトのもう１つの構想は、地球・
月・火星の間を移動する交通システムを作ることで
す。いわゆる「ヘキサトラック」には、今回提唱さ
れている居住施設と同じ人工重力テクノロジーが使
われる予定だと研究者たちは述べています。この交
通システムでは、車両は月や火星を周回する衛星上
に作られた「ステーション（駅）」に停車するよう
に設計されることになるでしょう。

ブライアン・リンがお伝えしました。

The World's First-Ever Planetary Defense Test on This Week

NASA が今週、世界初の惑星防衛テスト

地球への隕石の衝突はあり得ない話ではありません。では、そのとき人類は恐竜のように為す術もなく滅びを迎えるのでしょうか？ いいえ、人類はついに惑星防衛に取り組む時代を迎えました。その歴史的な瞬間について、この記事は解説しています。

🔊 **15**

The world's first-ever planetary defense test is a big hit. A major hurricane spotted from space. And moving our mega Moon rocket back inside ahead of that storm. A few of the stories to tell you about — This Week at NASA!

On Sept. 26, NASA's Double Asteroid Redirection Test, or DART spacecraft successfully impacted Dimorphos — the asteroid the spacecraft had been on a collision course with for about 10 months.

"Waiting … (applause) … and we have impact!"

DART's intentional crash into Dimorphos, a moonlet of a larger asteroid called Didymos, was an attempt to alter the course of an asteroid in space as part of the world's first planetary defense technology demonstration. The DART team will observe Dimorphos with ground-based telescopes to confirm that the technique, known as kinetic impact, did indeed alter the moonlet's orbit around Didymos.

https://www.youtube.com/
watch?v=PcA_LQGFoi8

planetary defense 惑星防衛、地球防衛。天体の地球衝突から人類を守ろうとする活動を指す

mega Moon rocket メガ・ムーン・ロケット。アルテミス計画のスペース・ローンチ・システム（SLS）をNASA自身が、こう銘打っている

Double Asteroid Redirection Test 宇宙機を衝突させて小惑星の軌道を変更する実験のミッション。頭文字を取ってDARTと呼ばれる

Dimorphos ディモルフォス。周回軌道が地球に近い小惑星ディディモス（Didymos）に対して公転している小衛星

asteroid 小惑星、小遊星。ここでは小衛星ディモルフォスを指している

collision course 衝突進路。そのまま進むと他のものとの衝突が避けられない進路

moonlet 小衛星

alter 変える

ground-based 地上に置かれた

kinetic impact キネティック・インパクト。何らかの目的のため、2つのものを物理的・動的に衝突させること

世界初の惑星防衛テストは大成功です。宇宙から捉えた大型ハリケーンです。そこで、嵐の前にメガムーンロケットを屋内に戻します。あなたにお伝えするいくつかのストーリー —— 今週のNASA！

9月26日、NASAはDART（Double Asteroid Redirection Test：ダート）の宇宙機をディモルフォスに衝突させることに成功しました。DART宇宙機は約10カ月にわたって、この小遊星ディモルフォスと衝突する軌道上にありました。

「待って……（拍手）……そして、私たちには衝突（影響力）があるのです」

ディモルフォスは、より大きな小惑星ディディモスの小衛星で、これにDARTを衝突させたのは、宇宙の小遊星の進路を変更する試みであり、世界初の惑星防衛技術デモンストレーションの一環でした。DARTのチームは地上の望遠鏡からディモルフォスを観察し、キネティック・インパクトとして知られる技術がディディモスの周りを回る小衛星の軌道を間違いなく変化させたことを確認するでしょう。

The cosmic collision was actually captured by our Hubble and Webb space telescopes, marking the first time that Webb and Hubble observed the same celestial target at the same time. Neither of these asteroids is a threat to Earth, but this technique could prove to be a reliable way to alter the course of an asteroid that is on a collision course with Earth in the future.

On Sept. 26, external cameras aboard the International Space Station captured views of Hurricane Ian just south of Cuba as the storm moved toward the north-northwest. As expected, Ian intensified as it approached Florida. Space station cameras caught the storm again on Sept. 28 as it was making landfall in southwest Florida as a Category 4 storm with winds upward of 155 mph and a potentially catastrophic storm surge.

On the night of Sept. 26, the team at our Kennedy Space Center began moving our Artemis I Moon rocket from launch pad 39B back to the Vehicle Assembly Building, or VAB. The Space Launch System rocket and Orion spacecraft were secured inside the VAB the next morning. Managers decided on the "roll back" due to weather predictions related to Hurricane Ian. In addition to protecting the integrated rocket and spacecraft, they also wanted to give employees time to address the needs of their families ahead of the storm.

The spacecraft for our Juno mission at Jupiter made a close flyby of the planet's ice-covered moon, Europa on Sept. 29. This image from the pass, some 220 miles above Europa's surface, is the first to come of some of the highest-resolution images ever taken of portions of the moon.

cosmic collision　コズミックコ
リジョン、宇宙衝突。小惑星や流星
の衝突、オーロラ、銀河の衝突など、
宇宙で発生する種々の衝突を指す

capture　つかまえる、捉える

Hubble and Webb space
telescopes　ハッブル宇宙望遠鏡
（1990年打ち上げ、高度約570km
を周回）とジェームズ・ウェッブ宇
宙望遠鏡（2021年打ち上げ、高度
約150万kmを周回）を指す

mark　記録する、跡をつける

celestial　天体の

landfall　上陸、着陸

Category 4　ハリケーンを風の
強さにより分類する「サファ・シン
プソン・スケール」のカテゴリー4。
2番目に強いカテゴリー

upward of ...　～を上回って

mph = miles per hour　時速～マ
イル（時速155マイル≒時速250km）

storm surge　高潮

Vehicle Assembly Building
スペースシャトル組立棟。アポロ計
画のサターンVロケットなどを垂直
に組み立てるために建設された

Space Launch System　スペー
ス・ローンチ・システム。NASAが開発・
運営している大型打ち上げロケット

"roll back"　「引き返す」こと、「後
退する」こと

address　（課題など）に取り組む・
対応する

The spacecraft for our
Juno mission　NASAの木星探
査機ジュノーを指している

flyby　目的の惑星に接近した探査
衛星が、着陸せずに行う観測

pass　上空を飛行・通過すること

the first to come of ...　～の
中で最初のもの

portion of　～の一部分

この宇宙での衝突は実際にハッブルとウェッブの宇
宙望遠鏡によって捉えられました。ハッブルとウェ
ッブが同時に同じ天体事象を観測したのは、初めて
のことでした。どちらの小遊星も地球にとって脅威
ではありませんが、今後、地球に衝突するコース上
にある小遊星の進路をこの技術で変更させることが
できると証明できるかもしれません。

9月26日、国際宇宙ステーションに搭載された外
部カメラが、キューバのすぐ南を北北西に向かって
進むハリケーン・イアンを捉えました。予想された
とおり、ハリケーン・イアンはフロリダに接近する
につれて勢力を強めました。宇宙ステーションのカ
メラは9月28日に再びハリケーン・イアンを捉え
ました。時速155マイルを超える風速と壊滅的な高
潮の可能性を持つカテゴリー4となって、フロリダ
の南西部に上陸しようとしていました。

9月26日の夜、ケネディ宇宙センターのチーム
は、月ロケットのアルテミス1号を39B発射台か
らスペースシャトル組立棟（VAB）に戻し始めまし
た。翌朝には、スペース・ローンチ・システムのロ
ケットとオリオン宇宙船はVAB内に格納されまし
た。管理者たちは、ハリケーン・イアンに関する天
候の予測により、「後戻りする」ことを決めました。
統合されたロケットと宇宙機を守ることに加えて管
理者たちが望んだのは、従業員たちにハリケーンに
先立ち家族の要望に対応する時間を与えることでし
た。

木星におけるジュノーミッションのための探査機
が9月29日に、木星の衛星で、氷で覆われたエウ
ロパに接近探査をしました。エウロパの表面から約
220マイルの上空通過時に撮られたこの画像は、こ
れまでこの衛星の一部分を撮影したものの中で最も
高解像度であるいくつかの中の、最初の1枚です。

Valuable data are also expected from the flyby that, once processed, could benefit and inform future missions, like the agency's Europa Clipper mission, which is targeted to launch in 2024 to study the icy moon. More information is available at: nasa.gov/juno.

Believe it or not, these inflatable habitats are being blown up to help make them safe for humans. Habitats like these could be used to house astronauts on future long-term surface exploration missions to the Moon and, eventually Mars. But before then, NASA and commercial partners are conducting burst pressure tests to determine the maximum internal pressure these habitats can safely withstand before they fail.

That's what's up this week at NASA … For more on these and other stories, follow us on the web at nasa.

valuable　価値の高い、貴重な

once processed　ひとたび処理されれば

benefit　〜の役に立つ

inform　〜に情報を提供する

Europa Clipper　エウロパ・クリッパー。NASA が 2024 年に打ち上げ予定のエウロパ探査機

believe it or not　まさかと思うだろうが

inflatable　（空気などで）ふくらませて使う

blow up　〜を爆破する

house　〜に住居を提供する

the Moon　（地球の衛星としての）月

commercial　民営の、営利的な

conduct　〜を実施する

burst pressure test　爆裂圧力テスト

determine　〜を測定する

internal pressure　内圧

withstand　〜に耐える

接近探査飛行によって価値の高いデータを得ることも期待されています。得られたデータを処理すれば、この氷の衛星を研究するため NASA が 2024 年に打ち上げることを目指しているエウロパ・クリッパー・ミッションといった今後のミッションに有益な情報を提供するかもしれません。より詳しい情報は、nasa.gov/juno で得られます。

信じられないかもしれませんが、これらの風船型の居住空間を爆破しているのは、人間にとって安全なものにするためなのです。このような居住空間は将来、長期にわたる月面探査をする際に、また先々は火星でも、宇宙飛行士が住居として使用する可能性があります。しかし、その前に、NASA と民間パートナーが破裂圧力テストをしているのです。この居住空間が破裂するまでに耐えられる最大の内圧を測定するためです。

今週の NASA 情報をお送りしました。さらに詳しい情報、また他のストーリーについては、NASA のウェブサイトをフォローしてください。

Topic 07

特色ある実験場としての宇宙

Space as a Distinctive Experimental Field

国際宇宙ステーション（International Space Station、ISS）は高度約400kmを飛行する巨大な有人実験施設です。さまざまな**実験（experiment）**や研究、地球や天体の観測を行うために建設されました。ISSが滞在する環境は、大気が地上の100億分の1しかない**高真空（high vacuum）**で、地上の1000万分の1という**微小重力（micro gravity）**の状態です。さらに**宇宙放射線（cosmic radiation）**の被曝量はISS内でも1日あたり地球の半年分に相当するほか、視野が大気に妨害されないため良好で、ISS外に置かれた物体を熱しやすく冷ましやすいという特徴もあります。つまり、ISSでは地球上では容易に得ることができない特殊な環境下で、長期間の実験を行うことができるのです。

ISSには4つの実験棟があり、アメリカの「**デスティニー（Destiny）**」、日本の「**きぼう（Kibo、Japanese Experiment Module［JEM］とも）**」、欧州の「**コロンバス（Columbus）**」、ロシアの「**ナウカ（Nauka）**」をそれぞれの国が管理・運用しています。きぼうには船内実験室と船外実験プラットフォームが設けられています。室内実験室では微小重力環境を利用した実験を行います。船外実験プラットフォームでは宇宙空間にさらされた状態での実験ができ、微小重力や高真空といった宇宙特有の過酷な環境下を利用した実験を行うことができます。船外実験は地上からロボットアームを遠隔操作する**遠隔操作システム（Remote Manipulator System、RMS）**により作業が行われています。

宇宙空間での実験は大きく3つの目的から成り立っています。宇宙環境の特性を利用した、地球上では困難な科学的な実験や技術的な開発の実施は第一の目的です。微小重力下では沈降や対流が発生しなかったり液体を容器の影響なく扱えたりと、物質が地上とは異なる振る舞いをするため、地上では得られないデータの計測や物質の生成が可能です。特に高品質なタンパク質結晶の生成実験は有償サービス「Kirara」として提供されており、創薬研究や酵素研究に活用されています。地上生物の宇宙空間での反応を調査するのも重要な実験です。宇宙で暮らしたメダカが浮き袋の使い方を忘れてしまったというエピソードもあります。

第二の目的は、宇宙空間で人間が生存・活動するために必要な知識や技術を獲得することです。宇宙空間は微小重力下で多量の宇宙放射線に晒される閉鎖環境というとても過酷な状況なため、さまざまな医学的問題があります。たとえば長期滞在後の宇宙飛行士は、地球帰還直後は歩くことができないほどに筋肉量が低下しています。さらに免疫機能の低下や遺伝子発現のレベルでも身体的な変化が確認されています。こういった研究は**宇宙医学（space medicine）**と呼ばれています。他にも**宇宙食（space food）**など生活を支える技術の開発や検証も重要です。宇宙飛行士は被験者としても活躍しているのです。

　第三の目的は、地球含め宇宙全体の理解を深めることです。例えば、ISS に搭載されていた宇宙環境計測ミッション装置（**SEDA-AP [Space Environment Data Acquisition Equipment — Attached Payload]**）では宇宙空間の危険因子が観測され、そのデータは人工衛星などの宇宙機器設計に活用されました。また、宇宙空間から宇宙を観測・探査する場合は大気や磁場の影響を受けずに済むため、地上よりも良好な視野を得ることができます。同じく ISS に搭載されている**全天 X 線監視装置（Monitor of All-sky X-ray Image、MAXI）**は超新星爆発の痕跡を発見するといった数々の実績を築いています。

　宇宙は人類にとって貴重な実験場でもあり、そこで得られた知識や技術は地球社会にも還元され、科学技術の進歩や人類の福祉に貢献しています。

ピックアップ　テーマ 🔨 を深掘るキーワード

宇宙の実験場、国際宇宙ステーション

module モジュール（ISS を構成する個々の設備ブロックを指す。実験棟 [experiment module] や推進モジュール [propulsion module] などが存在する）

Kibo きぼう（2009 年から運用されている、ISS の日本実験棟。）

International Standard Payload Rack (ISPR) 国際標準実験ラック（ISS 内の実験機器などを収める棚）

Cell Biology Experiment Facility 細胞培養装置（ISS「きぼう」内の生物実験器具）

barometric pressure 気圧

coolant 冷却材

spacesuit 宇宙服

Increment インクリメント（宇宙ステーションの運用単位を指す。おおよそ半年）

Expedition エクスペディション（特定期間に滞在している宇宙飛行士を指す）

過酷な宇宙環境

solor wind 太陽風（太陽から吹き出したプラズマ）

plasma プラズマ（イオンが激しく運動している状態。物質の第四の状態とも）

ion イオン（電荷を帯びた状態の粒子）

vacuum 真空

micro gravity 微小重力

NASA to Send Science Experiments on the Artemis I Mission to the Moon and Back

NASA、アルテミス1号ミッションの月往復で科学実験装置を送る

アルテミス計画は、現在3段階に分かれた計画として発表されています。アルテミス1では有人宇宙船を月の周回軌道に乗せ地球に帰還させる、無人飛行試験が実施されます。この記事では、アルテミス1の具体的な計画内容を紹介します。

🔊 16

Artemis 1 is paving the way for us to explore deeper and deeper into space.

I think Artemis 1 is significant on so many levels. It is a new frontier to do science.

So the primary objective is to test the Orion spacecraft integrated with the space launch system.

And it is designed to carry out the boldest of the bold missions.

But it's more than just learning how to travel in space. We're taking a lot of cool science along with us on this first mission to the moon.

So as NASA plans to go back to the surface of the moon and then on to Mars.

We want to spend more time there and that's riskier business. So the more we learn about the moon itself and the environment where we'll be operating, the better we can prepare.

https://www.youtube.com/
watch?v=Qxxb4YeBTug

pave the way for ... to do
…が〜する道を開く
explore 探検する、組織的調査
をする
significant 意義深い

spacecraft 宇宙船、宇宙機（大
気圏外で使用される人工物の総称）
integrated with ... 〜と一体化
された
the boldest of the bold ...
大胆な中でも最も大胆な〜
be more than just ... 単に〜
であることを超えるものだ

surface 表面、地面
Mars 火星

riskier business より危険な仕
事。riskier は risky（危険な）の比較級
the more ... , the better
〜より…ほど、よりよく〜だ

アルテミス 1 号は私たちにとって、宇宙をより深く
探究する道を切り開こうとしています。

アルテミス 1 号は多くの観点で意義があると、私は
思います。科学的営為の最先端です。

そこで主要な目的は、スペース・ローンチ・システ
ムと統合された宇宙船オリオンをテストすることで
す。

また、この上なく大胆なミッションを遂行するよう
に考案されています。

けれど、単に宇宙旅行の仕方を学ぶだけではありませ
ん。私たちは、この月への最初のミッションで、素晴
らしい科学をたくさん持ち込もうとしているのです。

NASA は、もう一度月面に到達した後、火星に向か
うことを計画しています。

私たちとしては、より長い時間を月で使いたいので
す。リスクは、より高いのですが。つまり、活動地
となる月それ自体と環境について私たちが学べば学
ぶほど、私たちはよりよい準備ができるのです。

We have 10 CubeSats we call secondary payloads, which are small scientific spacecraft of their own that will each be conducting their own scientific mission.

All of these payloads in some form or fashion will help us going forward. They are going to be studying the moon.

And they're going to help us understand what is the moon made out of. What types of rocks, what types of regolith, what types of ice, what's mixed in with water that might be present.

One of them actually is going to attempt to land on the moon. They're going to be studying the sun.

Understanding and studying the space environment or the space weather.

Some different propulsion systems. These novel ideas will ultimately turn into the technology and the systems that we want to use going forward.

There's a lot of cool things going on between all these CubeSats that make up our secondary payloads. Additionally, inside the Orion we'll be flying an experiment to study space biology.

Space biology is where we study the underlying changes that Earth-based biological systems undergo when they're in space.

Or basically how does life respond to the space environment?

The level of ionizing radiation that you experience when you go beyond the Van Allen Belt. So you go beyond the protective magnetic sphere that we have around us. You then get exposed to higher levels of ionizing radiation. So we are flying several space biology experiments.

CubeSat キューブサット。規格
に基づいたサイズで作られた小型人
工衛星

payload 宇宙開発・探査におい
ては、打ち上げロケットで大気圏外
に運ばれて使用される機器を指す
in some form or fashion 何
らかの形あるいは方法で
going forward ゆくゆくは、将
来は
be made out of ... 〜から作
られている
regolith 表土
land 着陸する

propulsion 推進（力）
novel （形容詞）新しい、独創的な
ultimately 結局、最終的には
turn into ... 〜になる
There's ... going on 〜が起こ
っている・進行中だ
make up ... 〜を作り上げる・
構成する
fly 空路で運ぶ。ここでは宇宙船で
運ぶことを指す
space biology 宇宙生理学
underlying 基礎をなす、根底に
ある
-based 〜上に成り立つ、〜を基
にした
undergo 〜を経験する・受ける
ionizing radiation 電離放射線（透
過していく物質中に電離を引き起こす
だけのエネルギーを有する放射線）
the Van Allen Belt バンアレ
ン帯。地球を環状に取り巻く2つの
放射線帯
sphere 球体

私たちはキューブサットを10機、用意していて、
それを副次的なペイロードと呼んでいます。キュー
ブサットは小型人工衛星で、それぞれが独自の科学
的ミッションを遂行することになっています。

これらのペイロードはすべて、ゆくゆくは何らかの
形や方法で私たちの役に立つでしょう。

月の調査も行うことになっています。ですから、月
が何でできているかを解明するのにも役立つでしょ
う。どんな種類の岩石があるか、どんな種類の表土
か、どんな種類の氷があるか、水があるとしたらそ
こには何が混ざっているか。

キューブサットの中の1機は実際に、月面への着陸
を試みることになっています。太陽を調査すること
も予定されています。

宇宙環境あるいは宇宙気候についての理解と研究で
す。

何種類かの推進システムが用いられます。こうした目
新しいアイデアが最終的に、私たちが今後利用したい
テクノロジーとシステムとして実を結ぶでしょう。

副次的なペイロードを構成するこれらすべてのキュ
ーブサットの間で、たくさんの素晴らしいことが進行
しているのです。さらに、オリオン号には、宇宙生物
学を研究するための実験機器も搭載される予定です。

宇宙生理学というのは、地球上の生体システムが宇
宙において受ける根本的な変化を研究する学問です。

あるいは基本的に、生命が宇宙の環境にどう対応す
るのか？

バンアレン帯を超えた先まで行くと経験する、電離
放射線のレベルにはどう対応するのか。球のように
私たちを囲んで守っている磁場の外に出ることにな
ります。そこでは、より高いレベルの電離放射線に
さらされます。そういうわけで私たちは、いくつか
宇宙生物学の実験装置を飛ばそうとしているのです。

We will take a series of materials.

Plant seeds. Fungi. The yeast cell. Algae.

And ride along the trip. And then when it comes home, we can analyze how they responded to that environment.

This research will help us thrive in space. It will help us to go further and stay there longer.

In addition to space biology, we'll be learning about how to make astronauts more effective in the Orion in the future. An example of that is something called the Callisto Technology Demonstration.

Lockheed Martin built the Orion spacecraft for NASA. And we'll be flying a secondary payload that's a demonstration payload called Callisto. So we took the technology from Amazon for Alexa and the Webex technology from Cisco. And so we built a digital assistant, if you will, to custom space-qualified Alexa.

"Alexa, how does the life support system work?" Orion's life support system is the environmental control and life support system work.

And so this payload is the demonstration mission to show how astronauts in the future could use this technology as an innovative user interface.

So there you have it. I hope you agree with me. This is exciting.

I am just over the moon excited for the Artemis 1 launch.

The science we'll conduct on Artemis 1 lays the groundwork to ensure that we can safely conduct scientific activities at the moon with our astronauts going forward. This really is the stepping stone for us as we take that next giant leap in space exploration.

plant seed　植物の種子

fungi　fungus「菌」の複数形

yeast cell　酵母細胞

algae　alga「藻、藻類」の複数形

thrive　よく生育する、繁栄する

go further　より遠くへ行く

stay there longer　より長くそ
こにとどまる

make ...　…を〜（形容詞）にする

Callisto　カリスト。アルテミス計
画で宇宙飛行士・管制官をサポート
するシステムの名称

technology demonstration
技術実証（試験）

demonstration payload　実
証試験装置

Alexa　アレクサ。Amazon 社が提
供する音声による情報提供サービス

Webex　Cisco 社が提供する Web
会議・ビデオ会議サービスの総称

Cisco　シスコシステムズ社。アメ
リカを本拠とする世界最大のコンピ
ューターネットワーク機器開発会社

if you will　いわば、可能ならば

there you have it　これで終わ
りです。（物を手渡しながら「はい、
これ［でいいですね？］」のように言
う際にも用いられる）

over the moon　大喜びして

lay the groundwork　基礎を
築く

stepping stone　足掛かり、踏
み石

giant leap　大きな飛躍

私たちは一連の素材を持ち出します。

植物の種。菌糸類。酵母細胞。藻類。

それらを宇宙旅行の間ずっと持ち運びます。そして
帰ってきたときに、それらが環境に対してどう反応
したかを分析することができるのです。

この研究は、私たちが宇宙でうまく生活するための
助けになるでしょう。より遠くまで行くことや、よ
り長く滞在することにも役立ちます。

宇宙生物学に加えて私たちは、先行き宇宙飛行士た
ちがオリオン号内で、より効果的に活動できるよう
にする方法についても学びます。その一例が、カリ
ストという名称の技術実証試験です。

ロッキー・マーティンが NASA のために宇宙船オ
リオン号を造りました。そこに私たちは副次的ペイ
ロードとして、カリストと呼ばれる実証試験装置を
搭載します。アマゾンの技術であるアレクサとシス
コの技術 Webex を搭載するのです。私たちはデジ
タルアシスタント、いわば宇宙に適合させたアレク
サを作ったのです。

「アレクサ、生命維持システムの動作状況は？」オ
リオン号の生命維持システムは、環境制御と生命維
持の働きをします。

そしてこのペイロードは、宇宙飛行士が将来、この
科学技術を革新的なユーザーインターフェースとし
てどう利用可能かを示す実証ミッションなのです。

さて、お話は以上です。ご賛同いただけましたでし
ょうか。これはエキサイティングなことですよ。

私はアルテミス 1 号のミッションの始動が楽しみで
わくわくしています。

アルテミス 1 号で遂行する科学は、先々私たちが宇
宙飛行士とともに月での科学活動を確実に安全に遂
行するための基礎を築きます。これは本当に、私た
ちが宇宙探査において次に大きく飛躍するための足
掛かりなのです。

NASA's SpaceX Crew-4: A Scientific Journey

NASA のスペース X Crew-4：科学旅行

宇宙ステーションに長期滞在する宇宙飛行士たちは何をして過ごしているのでしょうか。この記事で紹介するように、彼らは地球では生み出すことのできない特殊な環境下を利用し、数多くの科学実験・観測に貢献しているようです。

🔊 17

Right as we were coming in for docking, we could see the space station kind of off in the distance, but super bright with the solar arrays. It's just absolutely gorgeous. So we're super excited to be here and to see more of those amazing views.

Most of the time we're doing science, performing experiments. And why is it interesting to do experiments up here? You might wonder, you know, we could do experiments on the ground. We have a bunch of laboratories around the world in all scientific disciplines.

But the one thing that we have up here that those labs do not have is microgravity. And that brings to the forefront a number of phenomena, both in the life science, like living organisms, like humans, plants, microorganisms, animals, tissues, cells, all of that, as well as in the physical world, in fluids and combustion in materials.

https://www.youtube.com/
watch?v=J61Y5AJ-Kog

SpaceX Crew-4　スペース X
Crew-4。アメリカのスペース X 社
開発の有人宇宙船「クルードラゴン」
による４回目の有人飛行ミッション。
2022 年 4 月 27 日に打ち上げられた

come in for ...　（航空機などが）
〜の態勢に入る

solar array　ずらりと並んだ太陽
電池パネル。array は「集まり、列」

performing experiment　科
学実験

a bunch of ...　たくさんの

discipline　学問分野

forefront　最前部、第一線

phenomena　phenomenon「現
象、事象」の複数形

both A as well as B
both A and B「AもBも、AとB
の両方」の意味で用いられている

microorganism　微生物

tissue　（生物の）組織（筋組織、
上皮組織など）

fluid　流体（気体と液体の総称）

combustion　燃焼、酸化

私たちがドッキングの態勢に入ったちょうどそのと
きに宇宙ステーションが見えて、はるかかなたって
感じでしたが、ずらっと並んだソーラーパネルでも
のすごく輝いていました。すごく素晴らしかったん
です。それで、ここに来てそういうすごい景色をも
っと見られて、めちゃくちゃうれしいです。

私たちは大部分の時間、科学の実験をしています。
で、なぜこんなところで実験しているのでしょう？
不思議に思われるかもしれません。実験なら地上で
できますよね。あらゆる科学分野の研究所が世界中
にたくさんありますし。

ですが１つだけ、地上のラボにはなくてここにある
のが、微小重力状態です。そして、微小重力は多く
の現象の最前面に導いてくれるのです。生命科学、
つまり、生きている生体、人類、植物、微生物、動物、
組織、細胞といったものですね、それと流体や物質
の燃焼といった物理の世界、このどちらもです。

There's a bunch of things that either do not happen on the ground or on the ground they're masked by the effects of gravity.

So up here because we are on orbit, we can, like, switch off the effects of gravity and then all of that comes to the forefront and we can observe and study it.

We touch all forms of science from, you know, crystal growth and metallurgy to different life sciences, and there's obviously thousands and thousands of people that make that possible for us.

And good morning Shankini, this is Farmer with you on three. How are you doing today?

Pretty good, we're excited to get started on immunosenescence.

I love being a part of the plant science. We're actually growing plants in an enclosure that, instead of using soil, we are using hydroponics and aeroponics. And so we're growing carrots and onions and leafy greens and these are just really important for long duration space exploration to have an ability to be able to grow food, fresh food for consumption for these long duration missions.

And Sam, I'm back with you. For this module, we can see we've got some pretty large radishes growing there.

There are several earth science experiments, one of which is looking at dust in the atmosphere and helping to refine our understanding of the climate and how that's changing.

be masked by ...　〜によって
覆い隠されている
effect　効果、影響（ここでは具体
例を述べているので複数形になって
いる）

observe　〜を観察する

crystal growth　結晶成長
metallurgy　冶金学
obviously　明らかに

this is Farmer with you on
three　「こちらは３人いて、今あな
たに話しかけているのは Farmer で
す」という意味合い。Farmer は宇宙
飛行士の名前
immunosenescence　免疫老化
plant science　植物科学
grow　（植物）を栽培する、（〜が）
育つ
enclosure　筐体、収容器
hydroponics　水栽培
aeroponics= aeroculture
気耕栽培、空中栽培
leafy greens　葉物野菜。leafy
は「葉の多い、緑の多い」
duration　継続期間
module　モジュール（特定の機
能を果たすためのユニット）
radish　ハツカダイコン
earth science　地球科学
looking at ...　〜を調べる、〜に
注目する
atmosphere　大気
refine　〜を向上させる・改善する

地上では（重力があるために）起こらないこと、あ
るいは重力のせいで覆い隠されていることがたくさ
んあるのです。

その点、私たちのいるここは周回軌道上なので、い
わば重力の影響の「スイッチを切って」、最前面にあ
るあらゆるものを観察し研究することができます。

私たちは結晶成長や冶金学からいろいろな生命科学
まで、あらゆる形の科学に手を付けています。そし
てそういうことができるのは、疑いなく、何千もの
人々のおかげです。

さて、おはようございます、シャンキニ。こちらは
ファーマーです。３人います。今日はどうですか？

まずまず元気です。免疫老化の実験を始めるので、
わくわくしています。

私は、植物科学に一員として参加できることがとて
もうれしいのです。私たちは実際に筐体の中で、土
を使わず水耕栽培と気耕栽培で植物を育てていま
す。ニンジン、タマネギ、葉物野菜を栽培しています。
長期にわたる宇宙探査では、長期のミッションで消
費する食物、新鮮な食料を栽培できる能力を持って
いることが、とても重要なのです。

さて、サム、私は戻りましたよ。このモジュールでは、
なかなか大きなハツカダイコンが育っています。

地球科学の実験がいくつかあって、その中の１つは、
大気中のほこりを調べて気候および気候がどう変化
するかについての理解を深めるのに役立てるもので
す。

Part
2

空間としての宇宙

I am a geologist and so to be able to see places that I have done field work, to be able to see those from the orbital perspective that we have here on the ISS is just absolutely amazing. Earth is gorgeous.

We're up in the Canadian plains now and what's … what's immediately obvious once we get up here is just the age difference in the surface.

Farmer, Astrobee back with you. This is really exciting. This is really cool to see. It's neat to see them working together.

I'm getting to study some of the things that I got to study when I was in grad school. Changes in the cardiovascular system, countermeasures to keep astronauts healthy.

And by studying them up here, by studying astronauts as subjects, we can gain insights into some of those changes and perhaps come up with solutions, with treatments for folks that are suffering those problems on the ground.

The motto of off the Earth for the Earth is truly a reality up here. And being able to see that day to day is is just spectacular.

geologist 地質学者
orbital 軌道の（「地球周回軌道上の」という意味合い）
ISS = the International Space Station 国際宇宙ステーション

immediately obvious 一目でわかる

Astrobee 国際宇宙ステーション（ISS）内で使用されているキューブ型ロボットの名称
neat 素晴らしい、すてきな、かっこいい（くだけた口語表現。元の意味は「きちんとした、こぎれいな」）
grad school 大学院（graduate school の口語表現）
cardiovascular system 循環器系、心臓血管系
countermeasures 対策、対応策
astronaut 宇宙飛行士
come up with ... ～を見つけ出す
folks 人々

spectacular 目を見張るほどの、壮観な

地質学者である私にとっては、フィールドワークを行った場所を、ここ ISS で地球周回軌道上の視点で見ることができるのは、すごく素晴らしいことです。地球は、とっても美しい。

私たちは今、カナダの平原の上空にいます。この高さからは、地表の年代の違いが一目ではっきりとわかります。

ファーマー、アストロビーが戻ってきました。これは本当にエキサイティングです。これは本当にイケてます。彼らが一緒になって働いているのを見るのは最高です。

私は大学院時代に研究しなければならなかったことのいくつかを、研究し始めています。循環器系の変化、宇宙飛行士の健康を保つための対策といった事柄です。

それらをここで、宇宙飛行士を被験者として研究することで、変化のいくつかについて識見を得ることができますし、おそらくは解決法と、地上でそれらの問題に苦しんでいる人たちの治療法も見つかるでしょう。

「地球を離れて、地球のために」というモットーは、ここではまさに現実です。そんな現実を日々、見られるのですから目を見張ってしまいます。

Part 3

ビジネスの場
としての宇宙

　2019 年 6 月 7 日、NASA は国際宇宙ステーションを民間利用に開放する方針を発表しました。また、超小型衛星の開発・発展により、民間企業の人工衛星産業への参入ハードルは大きく下がりつつあります。このように宇宙利用のプラットフォームやアクセス手段の整備が進むにつれ、それらを活用したビジネスも広ってきています。
　この Part 3 では、宇宙を舞台として展開されるさまざまなビジネスについて解説します。

宇宙ビジネスの第一歩、衛星の打ち上げ

解説：株式会社アクセルスペース

Launching Supplies, The First Step Of Begining Business in Space

　世界情勢や宇宙ビジネスの広がりから、人工衛星や探査機を打ち上げる需要が増え、**ロケット（rocket）**の需要が高まってきています。打ち上げには、地球上の荷物の輸送と同様に、「目的地」の設定が必要です。宇宙空間では、目的地は「**軌道（Orbit）**」、その目的地まで宇宙機が通るルートを「**軌道（Trajectory）**」と表します。宇宙空間で行いたいミッション（＝実験やサービス提供）の内容によって行きたい「軌道（Orbit）」が変わるため、たとえば、打ち上げロケットを決定する主要な判断軸の１つとなります。

　気象衛星や放送・通信衛星で主に使われるのは「**静止軌道（geostationary orbit、GEO）**」と呼ばれる軌道です。地上から約３万6000kmの位置にある軌道で、衛星の周回速度と**地球の自転速度（Earth's rotation speed）**が一致するため、地球からは人工衛星が静止しているように見えます。この静止軌道からは地球の約４分の１の範囲を観測することができます。一方、地球観測衛星がよく使う「**地球低軌道（Low Earth Orbit、LEO）**」は、地上から約500kmの位置にあります。この地球低軌道を周回する人工衛星から見える範囲は、直下点を中心として半径2000km程度です。

　さて、ロケットを打ち上げる場所として、日本には種子島宇宙センターや内之浦宇宙空間観測所がありますが、最近は本州や北海道などでも**スペースポート（spaceport）**の建設の動きが見られます。打ち上げ場所の地理的特性により打ち上げる宇宙機の種類や打ち上げ条件などが変化しますが、日本国内で複数の打ち上げ候補地を確保するために進められています。

　ロケットを打ち上げる方角は宇宙機の種類によって決定されることが多く、静止衛星や宇宙探査機は地球の自転を利用した加速が必要となるので東向きに、地球観測衛星などは地球全体を周回する必要があるので南北いずれかに向かって打ち上げられます。そして打ち上げの経路を決定する際には、落下物が人や建築物などに危険な影響を及ぼさないように安全を確保することが国際的に求

められているため、打ち上げを希望する方角は海に面していることが望ましいのです。これがロケット打ち上げ場所の多くが海に面している理由の1つです。

　また打ち上げ地点の緯度も重要な要素で、緯度が低くなるほど打ち上げ時に利用できる自転の力が大きくなり、ロケットの燃料を節約することができます。さらに飛行機のフライト同様に、天候もロケットの打ち上げには重要な要素となります。このため天候が比較的安定している場所も、打ち上げ場所として選ばれやすくなっています。

　アメリカでは、打ち上げの方向によってロケット打ち上げの場所を使い分けており、東向きの場合はフロリダ州のケネディ宇宙センターが利用されます。南向きに打ち上げる場合はカリフォルニア州の**ヴァンデンバーグ宇宙軍基地（Vandenberg Space Force Base）**から打ち上げられます。欧州は主に、**ESA（European Space Agency、欧州宇宙機関）**として共同で打ち上げを実施しており、南米のフランス領ギアナに存在する**ギアナ宇宙センター（Guiana Space Centre）**で打ち上げが行われています。

　ここまで見てきたように、ロケットの打ち上げ場所は地理的条件に大きな影響を受けますが、より柔軟な打ち上げができるように、海の上から打ち上げる「洋上発射」や、大型気球や飛行機から打ち上げる「空中発射」など、新しい打ち上げサービスが開発されています。また、今後は軌道上サービスの1つとして、ロケットから人工衛星が放出された後、さらに目的軌道まで輸送するサービスなどが増えてくるでしょう。

ピックアップ　テーマ🔧を深掘るキーワード

打ち上げられる衛星

smallsat 小型衛星（小型の衛星全般を指す。NASA では重量 180kg 以下の衛星と定義）

cubesat キューブサット（1 辺 10cm の立方体を 1 単位とする超小型衛星）

Landsat ランドサット（NASA などが打ち上げる地球観測衛星シリーズ。現在 9 機が打ち上げられている）

payload ペイロード（打ち上げロケットの運搬能力、あるいは一緒に打ち上げられる衛星などを指す）

衛星が周回する軌道

Low Earth Orbit (LEO) 地球低軌道（高度 200km から 1000km の範囲の軌道を

指す。これより低いと、空気抵抗による衛星の減速が大きくなる）

medium Earth orbit (MEO) 中軌道（低軌道と静止軌道の間の高度にある軌道）

geostationary orbit (GEO) 静止軌道（衛星の公転速度と地球の自転速度が同一になる周回軌道。高度は約 3 万 6000km）

geosynchronous orbit 対地同期軌道（軌道周期が地球の自転周期と同一になる周回軌道全般を指す。静止軌道もその一種）

Lagrange points ラグランジュ点（宇宙の中で、重力や遠心力の釣り合いが取れる位置。衛星が軌道を安定させるためのエネルギーが最小限で済む）

Preparing a Small Satellite to Conduct Some Big Science on This Week

今週は小さな衛星で大きな科学に挑む

NASA が手がける事業は巨大ロケットの打ち上げだけではありません。この記事では、小型衛星の打ち上げをはじめ、NASA が宇宙開発において手がけるその他の事業についても紹介しています。

🔊 18

Preparing a small satellite to conduct some big science. An update on our upcoming mission to a metal-rich asteroid. And a new director for the International Space Station... a few of the stories to tell you about — This Week at NASA!

Our Ames Research Center in California is in the final stages of preflight preparations of BioSentinel. The CubeSat is one of several secondary payloads targeted for launch on the uncrewed Artemis I mission to the Moon with our Space Launch System rocket and Orion spacecraft.

BioSentinel will eventually fly past the Moon and into orbit around the Sun, to conduct a six-month investigation on the effects of deep-space radiation on yeast, a living organism. This will be the first long-duration biology experiment in deep-space and could help us better understand the radiation risks to humans during long-duration deep-space missions.

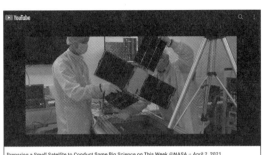

https://www.youtube.com/
watch?v=g4tld6ppv7Q

大規模な科学プロジェクトの実施に向けた小型衛星の準備。金属を豊富に含む小惑星への間近に迫ったNASAのミッションに関する最新情報。そして国際宇宙ステーション部門の新たな本部長。……みなさんにお伝えしたいいくつかのトピック。「今週のNASA」をお届けします！

カリフォルニアにあるNASAのエイムズ研究センターは、バイオセンチネルの発射前の準備の最終段階に入っています。キューブサットは、NASAのスペース・ローンチ・システムで発射されるロケットとオリオン宇宙船による月への無人ミッションとなるアルテミス1号で運ばれる、いくつかの二次的な積み荷の1つです。

バイオセンチネルは最終的には月を通り過ぎて太陽の周回軌道に入り、6カ月にわたって深宇宙放射線が酵母菌という生物に及ぼす影響を調査する予定です。これは深宇宙における初の長期的な生物学実験となり、長期にわたる深宇宙へのミッションの中で人体が受ける放射線のリスクをより詳しく理解するのに役立つでしょう。

Ames Research Center エイムズ研究センター

BioSentinel バイオセンチネル[低コストの小型衛星を使った宇宙生物学ミッション]

CubeSat キューブサット、超小型衛星[重量が数キログラム程度の立方体状の小型衛星]

Space Launch System スペース・ローンチ・システム[NASAが開発・運用している大型打ち上げロケット]

Orion spacecraft オリオン宇宙船[NASAの有人ミッション用宇宙船]

deep-space radiation 深宇宙

The Solar Electric Propulsion or (SEP) Chassis for our Psyche spacecraft has been delivered to our Jet Propulsion Laboratory in Southern California, where the mission's assembly, test, and launch operations phase is underway. The SEP Chassis, built by Maxar Technologies, is the main body of the spacecraft that includes the six-and-a-half-foot-wide high-gain antenna, and the frame that will hold the mission's science instruments.

Targeted for launch in August 2022, the Psyche mission will explore a metal-rich asteroid of the same name, located in the main asteroid belt between Mars and Jupiter. Studying the asteroid, which may be the core of an early planet, could provide valuable insight into how Earth and other planets formed. More information about the mission is available at: nasa.gov/psyche.

NASA has named Robyn Gatens as director of the International Space Station for the agency. She was appointed to the position after serving as the acting space station director for about seven months.

Gatens has 35 years of experience at NASA in both the space station program and in development and management of the life support systems for human spaceflight missions. As space station director, she will continue to lead strategy, policy, integration, and stakeholder engagement for the space station program at the agency level, while working closely with officials at our Johnson Space Center in Houston.

放射線
yeast 酵母（菌）

The Solar Electric Propulsion
太陽電気推進（システム）
Chassis （飛行機などの）基本的
な骨組み、シャーシ
Psyche spacecraft サイキ探
査機［小惑星プシケを探査するサイ
キ計画で使われる探査機］
Maxar Technologies マクサ
ー・テクノロジーズ［アメリカ・コ
ロラド州にある宇宙技術会社］

asteroid belt 小惑星帯［火星
軌道と木星軌道の間で多数の小惑星
が密集している領域］

integration 統合
stakeholder engagement
利害関係者の関与
Johnson Space Center ジ
ョンソン宇宙センター

サイキ宇宙船に使われる太陽電気推進（SEP）シス
テムの骨格部分は、南カリフォルニアにあるジェッ
ト推進研究所に届けられ、そこで探査機の組み立て、
試験、打ち上げ準備の作業が進行中です。マクサー・
テクノロジーズ社によって製造された SEP の骨格は
探査機の本体部分で、それには幅 6.5 フィートの高
利得アンテナと、このミッション用の科学機器を格
納するフレームが含まれます。

2022 年 8 月に探査機の打ち上げを目指しているサ
イキ・ミッションでは、火星と木星の間にある主要
な小惑星帯に属し、金属を豊富に含む同名の小惑星
（プシケ。Psyche のラテン語読み）を探査する予定
です。初期の惑星の核となる可能性がある小惑星を
研究することで、地球や他の惑星がどのようにして
形成されたのかについて貴重な洞察が得られるかも
しれません。このミッションの詳細な情報は、nasa.
gov/psyche で入手できます。

NASA は、国際宇宙ステーション部門の本部長にロ
ビン・ゲイテンズ氏を指名しました。彼女は 7 カ月
ほど国際宇宙ステーション部門長代理を務めた後で、
今度の職に任命されました。

ゲイテンズ氏は、NASA での宇宙ステーション・プ
ログラムと有人宇宙飛行ミッションで使用する生命
維持システムの開発と管理の両方において 35 年の
経験があります。彼女は宇宙ステーション部門の本
部長として、組織レベルで宇宙ステーション・プロ
グラムの戦略、政策、統合、そして利害関係者との
関係構築を引き続き主導しながら、ヒューストンに
ある NASA のジョンソン宇宙センターの職員たちと
緊密に連携していきます。

Part
3

ビジネスの場としての宇宙

141

According to NASA-supported research, the 2021 Arctic wintertime sea ice extent reached on March 21 tied 2007 as the seventh-smallest extent of winter sea ice in the satellite record.

This year's maximum extent is 340,000 square miles below the 1981 to 2010 average maximum. For perspective, that is equivalent to a missing area of ice larger than the states of Texas and Florida combined.

That's what's up this week at NASA … For more on these and other stories, follow us on the web at nasa.gov/twan.

NASA が支援する研究によると、2021 年の 3 月 21 日時点における北極の冬季の海氷面積は、衛星による記録として冬季の海氷面積が 7 番目に小さかった 2007 年と並びました。

for perspective　わかりやすく
言うと
equivalent to　～に匹敵する

今年の最大面積は、1981 年から 2010 年にかけての平均最大値を 34 万平方マイル下回っています。わかりやすく言うと、これはテキサス州とフロリダ州を合わせたよりも広い面積の氷が消失したことに相当します。

以上が「今週の NASA」の最新ニュースでした。これらのトピックや、そのほかのトピックの詳細については、nasa.gov/twan のサイトをご覧ください。

Advances in Space Transport Transforming US Space Coast

宇宙輸送の進歩が、合衆国のスペースコーストを変える

宇宙事業は物資輸送1つ取っても一大事業です。打ち上げにかける準備はもちろん、ロケットやスペースシャトルの組み立ても大きな事業となります。宇宙事業が地域経済へ与える影響の大きさは、この記事を読むとよくわかるでしょう。

🔊 19

Dale Ketcham (Vice President, Space Florida): I wasn't born here, but I moved here and learned to walk on Cocoa Beach three years before NASA was created.

Kane Farabaugh (Reporter): Not only has Dale Ketcham grown up with the U.S. space program, he's watched it transform the economies of communities surrounding NASA's Kennedy Space Center several times since the 1950s.

Brian Baluta (Economic Development Commision of Florida's Space Coast): For 50 years, roughly, the Florida Space Coast was the place for launch.

Kane Farabaugh: Launch but not production. Most of the equipment used in the Apollo and space shuttle programs over those years was shipped to Florida for assembly.

When Atlantis touched down in 2011 on the final shuttle mission, it marked the end of an era in human space flight. As launches decreased, the Space Coast's economy suffered.

Space Coast 合衆国フロリダ州のケネディ宇宙センターとケープカナベラル宇宙基地のある地域

vice president 担当重役

Space Florida スペースフロリダ。フロリダ州にある航空宇宙経済開発機関。デール・ケッチャムは同機関の政府・対外関係担当重役

Cocoa Beach ココアビーチ。フロリダ州中東部にある都市

space program 宇宙探査プログラム

Economic Development Commission of Florida's Space Coast フロリダ州スペースコースト経済開発委員会。ブレバード郡公式の経済開発組織

roughly おおよそ、ざっと

production 製造、製作

most of the ... 〜の大部分

equipment 装備、機器

ship to ... 〜に輸送する

assembly 組み立て

Atlantis スペースシャトル・アトランティス。全5隻中の4番目。2011年7月にスペースシャトル計画の最後の飛行を行った

touch down 着陸する

デール・ケッチャム（スペースフロリダ、担当重役）：私はここの生まれではありませんが、NASA が設立される3年前にここに越してきて、ココアビーチでの歩き方を身に付けました。

ケイン・ファラボー（記者）：デール・ケッチャムは合衆国の宇宙計画とともに育ってきただけでなく、宇宙計画が1950年代から、NASA のケネディ宇宙センター周辺の地域社会の経済を変貌させるのを何度も見てきました。

ブライアン・バルータ（フロリダ州スペースコースト経済開発委員会）：ざっと50年にわたって、フロリダ州スペースコーストは打ち上げが行われる場所でした。

ケイン・ファラボー：打ち上げであって、製造ではありません。アポロ計画とスペースシャトル計画で長年にわたって使用された装備のほとんどは、フロリダに輸送され組み立てられたのです。

2011年、アトランティスがスペースシャトル計画の最後のミッションで着陸したときが、有人宇宙飛行の時代の終わりでした。打ち上げの数が減少するにつれて、スペースコーストの経済は悪化しました。

Brian Baluta: In 2011, unemployment was 12% at that point. The economy and its outlook were not strong.

Kane Farabaugh: Brian Baluta, Vice President of the Economic Development Commission, or EDC, of Florida's Space Coast, says that's when his organization offered a concept that could change the fortunes of the area's workforce permanently.

Brian Baluta: And it started with taking the unusual step of reaching out to the companies who were likely to produce the successor to the space shuttle.

At the time, it was called the crew exploration vehicle. And there wasn't a contract for it yet, but we reached out to Lockheed Martin and Northrop Grumman and Boeing, the companies that would likely compete and win for that contract, and we made the unusual pitch of, "if you win the contract, not only should you consider launching from Cape Canaveral, but you should consider assembling your spacecraft here."

Kane Farabaugh : The concept took off.

unemployment 失業（率）

outlook 見通し、見込み

offer 〜を提案する・申し出る

workforce 労働力

reach out to ... 〜にアプローチする

successor 後継のもの

crew exploration vehicle
乗員探査船。スペースシャトルの後継宇宙船がオリオンに決定する前の段階の呼称。略称 CEV

Lockheed Martin ロッキード・マーティン社。メリーランド州に本社を置く航空・宇宙・軍需関連の開発製造会社

Northrop Grumman ノースロップ・グラマン社。バージニア州に本社を置く航空・宇宙・軍需関連の開発製造会社

Boeing ボーイング社。シカゴに本社を置く世界最大の航空・宇宙・軍需関連の開発製造会社

pitch （強烈な）売り込み

should you ... = you should。
not only の後では、しばしば倒置表現が用いられる

Cape Canaveral ケープカナベラル。フロリダ州にある砂洲島。NASA のケネディ宇宙センター（Kennedy Space Center, KSC）の所在地

ブライアン・バルータ：2011 年の時点で、失業率は 12% でした。経済とその先行きの見通しは明るくありませんでした。

ケイン・ファラボー：フロリダ州スペースコーストの経済開発委員会（EDC）副会長ブライアン・バルータ氏は、彼の団体がこの地域の労働力の運命を永久に変え得るコンセプトを提案したのはこのときだったと述べました。

ブライアン・バルータ：そしてそれは、スペースシャトルの後継機を製造しそうな企業にアプローチするという異例のステップで始まりました。

当時、その後継機は乗員探査船と呼ばれていました。それについての契約は、まだありませんでしたが、私たちは、ロッキード・マーティン社、ノースロップ・グラマン社、ボーイング社といった、この契約を競い勝ち取りそうな企業にアプローチしました。そして、「もし契約を勝ち取ったら、ケープカナベラルから打ち上げるだけでなく、ここで御社の宇宙船を組み立てることも検討してもらう」という異例の売り込みをしました。

ケイン・ファラボー：構想はスタートを切りました。

Kelly DeFazio (Lockheed Martin Orion Site Director): Just like diversifying a portfolio, if you diversify the area with your products, you can ride through those lows.

Kane Farabaugh : Kelly Defazio is a site director with Lockheed Martin, which won the contract to create NASA's next generation spacecraft to transport humans back to the moon. The crew exploration vehicle, now called Orion, will be the capsule of the upcoming Artemis missions.

Some of Orion's components are pieced together at Lockheed's new Star Center near Titusville, Florida, including wiring harnesses.

This is basically the nervous system, so to speak, of the capsule, right?

And the application of thermal tiles that will protect the Orion capsule.

The panel that actually covers just adjacent around the hatch, so the side hatch would be right here where the white foam is.

Defazio says excitement is building.

Kelly DeFazio: We're going to take humans farther than we have ever gone before.

Dale Ketcham: When I was growing up with the original seven astronauts in Cocoa Beach, it was really a frontier town.

site director　サイト・ディレク
ター、現場管理責任者
portfolio　資産構成、（提供商品
やサービスの）品揃え
ride through ...　〜を乗り越える
low　最低価格、低価格
win　（契約など）を勝ち取る
transport　〜を輸送する
upcoming　来たるべき

piece together　〜をまとめ上げ
る、まとめ上げて大きなものをつくる
Star Center = Lockheed
Martin STAR Center　ロッキ
ード・マーティン社が、オリオンの
製造・組み立て・テストのために築
いた施設。2121 年 7 月開設
wiring harness　ワイヤリングハ
ーネス。複数の電線を束にした集合部
品で、信号伝送や電源供給に用いる
nervous system　神経系
thermal tile　耐熱タイル。
thermal は「熱の」

cover　表面に広がる
adjacent　近接した、近隣の
hatch　ハッチ、扉口、昇降口
foam　発砲プラスチック、ポリウ
レタン

the original seven astronauts
合衆国初の有人宇宙飛行プロジェク
トのために 1959 年 4 月 9 日にアメ
リカ航空宇宙局（NASA）によって
選抜された 7 名の宇宙飛行士。「マ
ーキュリー計画」（Project Mercury）
というプロジェクト名にちなんで
「マーキュリー・セブン」（Mercury
Seven）とも呼ばれる

ケリー・デファジオ（ロッキード・マーティン社オ
リオン事業責任者）：ポートフォリオを多様化する
ように製品の分野を多様化すれば、安値に負けず乗
り越えることができます。

ケイン・ファラボー：ケリー・デファジオ氏は、ロ
ッキード・マーティン社の事業責任者です。同社は
人間を月に再び送り込むための NASA の次世代宇
宙船を製造する契約を勝ち取りました。乗員探査船
は今ではオリオンと呼ばれ、来たるアルテミス・ミ
ッションのカプセルとなります。

オリオンの構成部品のいくつかはワイヤリングハー
ネスも含めて、ロッキード社がフロリダ州タイタス
ビル近郊に新しく作ったスターセンターで組み立て
られます。

これは、いわばカプセルの神経系というところです
よね？

オリオンのカプセルを保護する耐熱タイルです。

パネルは実際にはハッチの周囲に広がっているの
で、サイドハッチはこの白いフォームのところにな
るでしょう。

デファジオ氏は、期待が高まっていると述べます。

ケリー・デファジオ：私たちは人類を、これまで行
ったことがない遠いところまで連れていこうとして
います。

デール・ケッチャム：私が最初の 7 人の宇宙飛行士
とともにココアビーチで育っていた頃には、ここは
まったくもって辺境の町でした。

Kane Farabaugh : That Wild West description is also how Ketchum characterizes the present-day Space Coast. With government contractors and private companies like SpaceX, Blue Origin and the Airbus OneWeb partnership jockeying for real estate and launch access.

Dale Ketcham: We just had an announcement that there will be a small launch company called Astra coming here to build small rockets for small satellites, which is a big new component of the whole space industry. They're the first small rocket, really small rocket, to come here, but we've also got Firefly, Relativity coming, and others will be coming after that.

Kane Farabaugh: The more the merrier, says Ketchum. Not only does it help the local economy, it also keeps the United States competitive globally in a new space race.

Kane Farabaugh, VOA News, Cape Canaveral, Florida.

Wild West description　Wild West は「開拓時代の合衆国西部」。description は「描写」。かつてのフロリダを開拓時代の西部になぞらえるかのような発言を受けている

government contractor
政府請負業者。政府との契約に基づいて商品またはサービス を生産する企業。営利か非営利か、私企業か公営企業かを問わない

Blue Origin　ブルーオリジン。Amazon.com の設立者ジェフ・ベゾスが設立した航空宇宙企業

the Airbus OneWeb partnership　エアバス社とワンウェブ社の共同企業体

jockey for ...　手を尽くして～を得ようとする

real estate　物的財産、不動産

Firefly　ファイアフライ・エアロスペース社（Firefly Aerospace）。2014 年創業の航空宇宙企業。本社はテキサス州にある

Relativity　リラティビティー・スペース社（Relativity Space）。2015年創業の航空宇宙企業。本社はカリフォルニア州ロングビーチにある

ケイン・ファラボー：この未開の西部の描写もまた、ケッチャムが今のスペースコーストに特色を与えるやり方です。政府の請負業者と、スペース X 社、ブルーオリジン社、エアバスとワンウェブの共同企業体といった私企業が策を尽くして物的財産と打ち上げに関与しようとしています。

デール・ケッチャム：私たちは、アストラという小さな打ち上げ会社がここに来て、小型人工衛星用の小型ロケットを製造するという発表をしたところです。こうした小企業は、宇宙産業全体の大きな新要素です。彼らが作るのは、ここに来る初めての小型ロケット、実に小さなロケットですが、ファイアフライ社、リラティヴィティ・スペース社も来ることになっていて、他にも後に続くところがあるでしょう。

ケイン・ファラボー：多ければ多いほど楽しいとケッチャムは言います。こうしたことは地元の経済を助けるだけでなく、新たな宇宙開発競争での合衆国の競争力を全体的に維持します。

VOA ニュースのケイン・ファラボーがフロリダ州ケープカナベラルからお伝えしました。

Part
3

ビジネスの場としての宇宙

Topic 09

次々と展開される人工衛星ビジネス

解説：株式会社アクセルスペース

Satellite Businesses Emerging One after Another

　人工衛星を活用したビジネスと聞いて、何を思い浮かべるでしょうか。天気予報に欠かせない**気象観測（meteorological observations）**を宇宙から行い、データを日々地上に送信する**気象衛星（weather satellite）**でしょうか。子供や高齢者などの見守りサービスや地図アプリなどで活用されているGPSでしょうか。それとも、宇宙から地球を撮影して、農業や環境、防災・減災、インフラモニタリングなどに活用する地球観測衛星でしょうか。

　近年、地球上のどこでも通信ができるように、地上に通信網を整備するのではなく宇宙から電波を飛ばす**通信衛星（communications satellite）**が増えてきています。すでに3000機以上の通信衛星を打ち上げた企業は、ロシアによる侵攻を受けたウクライナの通信インフラを支えました。通信衛星は非常時の代替通信手段としても注目されました。衛星によって宇宙を活用するニーズは非常に高く、宇宙ビジネスの中心となっています。

　さて、政府機関が運用している人工衛星は1機の大きさがとても大きく、重量がトン（t）級の大型衛星です。一方、2003年に世界で初めて打ち上げ・運用に成功した**手のひらサイズの人工衛星（Cubesat）**は、10cm四方で1kgほどの超小型の衛星でした。これは日本の東京大学・東京工業大学の学生が開発・製造したCubesatです。これを契機に、多様な超小型衛星が大学やベンチャー会社などで開発されはじめ、一気に人工衛星の実用・ビジネス化に向かっていきました。携帯電話やスマートフォンの普及により、電子部品の小型化と高性能化が進んだことも、人工衛星の小型化の要因の一つです。小型化、軽量化することで1台あたりの打ち上げコストが低減されるとともに、1台のロケットに多くの衛星を搭載することができるようになりました。

写真はアクセルスペース社開発の人工衛星GRUS-1シリーズです。企業の開発する人工衛星は、すでに数多く宇宙に打ち上げられています。　Photo: 株式会社アクセルスペース

地球観測衛星は、搭載するセンサーにより提供可能な衛星データが異なります。搭載されるセンサーは、大きく分けて光学センサーとマイクロ波センサーの２つに分類されます。光学センサーを搭載する衛星のうち、可視光・近赤外センサーを搭載した衛星の撮影データからは、植物の分布状況や海の色、市街地などの地表の状態を知ることが可能です。熱赤外センサーを搭載した衛星のデータからは、地表面や海面の温度、火山活動や山火事などの状況を知ることができます。

　一方、マイクロ波センサーを使った衛星のうち、対象物に対して電波を放射し、その反射波の強さなどから地表面の状態を知ることができるものを**合成開口レーダー**（Synthetic Aperture Radar、SAR）衛星と呼びます。電波は雲を通過するため、昼夜問わず、また天候に左右されることなく観測が可能です。そのため、主に火山や地震活動による地形の変化や森林伐採監視、洪水による浸水域などを観測することができます。また、通信や地球観測用の衛星**コンステレーション**（constellation）構築のために人工衛星が多数宇宙空間に打ち上げられている中で、宇宙空間の状況を把握することを可能にする衛星も少しずつ広がってきています。

ピックアップ　テーマ 🔨 を深掘るキーワード

衛星が持つさまざまな機能

operation 運用（人工衛星に関しては、打ち上げ後の軌道調整や衛星からのデータ取得を指す）

passive sensor パッシブセンサー（赤外線・紫外線を含む、太陽の反射光を用いて計測を行うセンサー。衛星写真の撮影や、地表温度の測定を行う機器が該当する）

atmospheric infrared sounder (AIRS) 大気赤外線測深機（大気圏の温度や雲の特性などを計測する機器）

satellite imagery 衛星画像

spatial resolution 空間分解能（撮影可能な衛星写真の最大解像度）

imaging radar 画像レーダー

active sensor アクティブセンサー（衛星から発した電磁波の反射を用いて計測を行うセンサー。高度計などが該当する）

altimeter 高度計

Earth Observing System (EOS) 地球観測システム（NASA が運用する、複数の衛星を用いた地表現象の観測システム）

geospatial data 地理空間データ

navigation 測位、位置を測ること

satellite Internet 衛星インターネット

downlink ダウンリンク（衛星からデータを取得すること。対義語はアップリンク[uplink]）

A New Era of Earth Science

地球科学の新時代

私たちは気象衛星から取得した地球の雲画像を、天気予報へと活用しています。衛星は地球表面を観測するための重要な手段です。この記事では、気候変動把握のために、より信頼性の高いデータを取得できる新たなシステムを紹介します。

🔊 20

For more than 50 years, NASA has been collecting and providing data on Earth's land, water, ice and atmosphere. Now, a new era of Earth Science has begun.

Together with international partners, NASA will launch the SWOT mission to provide the first ever global survey of Earth's surface water, the oceans, lakes and rivers that affect all of us. But we also need to understand our planet as a complex whole.

That's why NASA will launch a fleet of state-of-the-art satellites forming the Earth System Observatory, which will create a comprehensive 4D view of Earth from bedrock to atmosphere like never before.

The Earth System Observatory will arm us with crucial data to help us address climate change and protect our communities. But how do we get this critical information to the people who need it?

https://www.youtube.com/
watch?v=_hRJJdSg8Hw

Part
3

ビジネスの場としての宇宙

SWOT mission　次世代衛星高
度計ミッション［海面や陸水の標高
を人工衛星で観測する計画。Surface
Water and Ocean Topographyの略］
surface water　地表水、陸水［河川
や湖、沼など、陸地表面に存在する水］
fleet　（航空機や船舶などの）隊（列）
**Earth System Observatory
(ESO)**　地球システム観測所［気
候変動や災害に関する情報収集のた
め、地球全体の変化を追跡する観測
プログラム］
4D　4次元［長さ、高さ、幅を持
つ空間に時間の要素を加えたもの］
bedrock　岩盤

NASA は 50 年以上にわたって地球の陸地、海、氷層、
大気などに関するデータを収集し、提供してきまし
た。今、地球科学の新しい時代が始まっています。

NASA は世界各地のパートナーたちと協力し、私た
ちの誰にも影響を及ぼす地球の地表水、海洋、湖、
河川について、史上初となる世界規模の測量を実現
する SWOT ミッションを開始します。しかし、私
たちはまた、この地球を複雑な統一体として理解す
る必要もあります。

そのため、NASA は地球システム観測所を構成する
一連の最先端衛星を打ち上げて、岩盤から大気圏に
至るまで、これまでになく包括的な地球の 4 次元画
像を作成しようとしています。

地球システム観測所によって、私たちは気候変動に
対処し、私たちのコミュニティを守るために役立つ
重要なデータを手にできることになります。しかし、
そうした重要な情報を必要とする人々にどのように
して届けるのでしょうか。

Introducing the Earth Information Center. NASA, working with our federal partners, will equip decision makers with the information they need to mitigate, adapt and respond to climate change.

We will create a greenhouse gas monitoring system and make data about our changing planet accessible to those who need it most. New satellites observing in the sky and an information center here on Earth, protecting our planet for the next generation.

Earth Information Center
地球情報センター［温室効果ガスな
どを監視し情報を提供する機関］
equip ... with ~ …に～を授ける
mitigate 軽減する

greenhouse gas 温室効果ガス

地球情報センターを紹介します。NASA は関連する
連邦政府機関と協力しながら、意思決定権者に対し
て気候変動を抑制し、それに適応し、対応するため
に必要な情報を提供します。

私たちは温室効果ガス監視システムを立ち上げ、変
化し続ける地球に関するデータを最も必要とする人
たちが利用できるようにします。上空で観測を行う
新たな人工衛星と、ここ地球にある情報センターが、
次世代のために私たちの地球を守るのです。

Threat of Solar Storms Seen with Recent Satellite Loss

先日の衛星喪失で太陽嵐の脅威が明らかに

太陽がなくては人間は生きていけませんが、時に太陽の活動は人間活動に悪影響を与えるようです。この記事では、太陽嵐がこれまでに引き起こした問題、そして宇宙時代においてもたらすであろう被害予想を詳しく解説しています。

🔊 21

SpaceX recently announced that a solar storm has disabled at least 40 of the 49 communication satellites that it recently launched.

The company said the satellites were launched on February 3 from the Kennedy Space Center in Florida. Around the same time, there was a "geomagnetic storm watch" listed by the U.S. Space Weather Prediction Center. The center warned that a large burst of solar plasma gas and electromagnetic radiation from the sun's surface would likely reach Earth's atmosphere.

SpaceX said the storm greatly increased atmospheric density around the satellites' low orbit. This created friction that disabled at least 40 of them.

Jonathan McDowell is a Harvard-Smithsonian astrophysicist. He said that the incident is believed to be the largest collective loss of satellites from a single geomagnetic event.

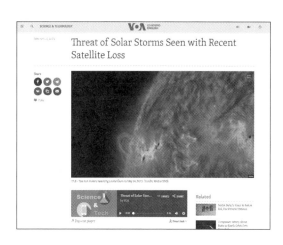

disable　使えなくする、無効にする
solar storm　太陽嵐

Kennedy Space Center
ケネディ宇宙センター（スペース
シャトルの打ち上げを担ってきた
NASA の設備）
geomagnetic storm　磁気嵐
（太陽嵐で放出されたエネルギーによ
り、地球の磁場が乱される現象）
**U.S. Space Weather
Prediction Center**　アメリカ宇
宙天気予報センター（アメリカ海洋大
気庁の研究所。太陽や地球物理学のデ
ータを収集・発信している）
plasma　プラズマ（物質を構成す
る原子が原子核と電子に分かれて激
しく動いている状態）
electromagnetic radiation
電磁放射線（赤外線、可視光線、紫
外線、エックス線、ガンマ線を指す）
density　密度
**Harvard-Smithsonian
astrophysicist**　ハーバード・スミ
ソニアン天体物理学センターの研究者
collective loss　集団的損失

SpaceX は先日、同社が最近打ち上げた 49 基の通
信衛星のうち、少なくとも 40 基が太陽嵐によって
使えなくなったと発表しました。

同社によると、これらの衛星はフロリダ州のケネデ
ィ宇宙センターから 2 月 3 日に打ち上げられました。
同じ頃、米国の宇宙天気予報センターでは「磁気嵐
注意報」が記載されていました。太陽表面から生じ
たプラズマガスと電磁波の大規模な爆発が、地球の
大気に到達する可能性が高いと、同センターは警告
しました。

SpaceX 社は、この嵐が衛星の低軌道周辺の大気密
度を大幅に増加させ、少なくとも 40 個の衛星を無
力化する摩擦を生み出したと述べています。

ジョナサン・マクドウェルはハーバード・スミソニ
アン天体物理学センターの研究者です。彼によると、
今回の事件は、1 つの地磁気現象による衛星の集団
損失としては最大規模であると考えられているとい
うことです。

The threat of solar storms

Scientists are warning that these destructive solar storms could affect life on Earth at any time. These outbursts from the sun, which eject energy in the form of magnetic fields and plasma gas are unpredictable and difficult to prepare for.

Research shows that Earth is hit by a very destructive solar storm every century or two. In the past, these were mainly colorful light shows on the sky with limited effects on humanity. Modern technology, however, can be severely affected by these solar storms.

When an intense geomagnetic storm hit the Earth in September 1859, telegraph systems across North America and Europe failed. Some operators reported receiving electrical shocks. A solar storm in March 1989 caused power failures in Quebec, Canada.

The Halloween Storms of 2003 affected more than half of the orbiting satellites and disrupted aviation. Electrical service was also knocked out in parts of Europe for several hours, and transformers in South Africa were destroyed.

Raimund Muscheler is a geology professor at Lund University in Sweden. In a new study of ice samples, he concluded that a previously unknown, huge solar storm about 9,200 years ago would have destroyed communication systems if it had hit Earth in modern times.

太陽嵐の脅威

destructive　破壊的な
outbursts　勃発、爆発
eject　放出する、排出する
unpredictable　予測不可能な

科学者たちは、こうした破壊的な太陽嵐は、いつ地球上の生命に影響を及ぼすかわからないと警告しています。磁場やプラズマガスの形でエネルギーを放出する、これらの太陽からの暴発は、予測不可能であり、対策を立てることも困難です。

every　〜ごとに

研究によると、地球は1〜2世紀ごとに非常に破壊的な太陽嵐に見舞われています。過去には、これらは主に空に浮かぶカラフルな光のショーであり、人類への影響は限定的でした。しかし現代の技術は、この太陽嵐によって深刻な影響を受ける可能性があります。

severely affected　重大な影響を受ける

telegraph systems　電信システム

1859年9月に地球を襲った強烈な地磁気嵐では、北アメリカとヨーロッパの電信システムが故障しました。ある通信事業者は、電気ショックを受けたとも報告しました。1989年3月の太陽嵐は、カナダのケベック州で停電を引き起こしました。

power failures　停電

orbiting sattelites　軌道上の衛星
aviation　航空業

2003年のハロウィーン・ストームでは、軌道上の衛星の半分以上が影響を受け、航空業を混乱させました。また、ヨーロッパの一部では数時間にわたって電気サービスが停止し、南アフリカでは変圧器が破壊されました。

transformers　変圧器

geology　地質学
sample　サンプル、見本、試料
conclude　〜と結論づける
previously　以前に、前もって

ライムンド・ムシェラーはスウェーデンのルンド大学の地質学教授です。彼は氷のサンプルを使った新しい研究で、約9200年前のこれまで知られていなかった巨大な太陽嵐が現代の地球を襲った場合、通信システムを破壊しただろうと結論づけました。

Daniel Baker is an expert in planetary and space physics from the University of Colorado. When talking about solar storms, he said, "… it's something that really needs to be dealt with by policymakers." He added that "… in the longer term, it's not a question of if but when."

Possible damage

The sun outbursts could first disrupt the ionosphere — where the Earth's atmosphere meets space — and radio communications. They also create additional friction on some satellites, which is what happened to SpaceX satellites. The storm with its highly charged particles could also be radioactive and presented a danger to astronauts in orbit.

The gas and magnetic field explosions on the surface of the sun, known as "coronal mass ejection," could overload Earth's electrical power systems and speed corrosion of pipelines.

"The geomagnetic storm can actually cause transformers to burn through if they are not adequately protected," said Muscheler of Lund University.

Sangeetha Abdu Jyothi is an assistant professor in the computer sciences at the University of California, Irvine. She warned that solar storms could also damage long-distance communication lines between North America and Europe.

Any major solar storm could threaten Global Positioning System (or GPS) satellites which are critical to modern life from driving cars to flying planes. And a big storm can cause a reduction in the ozone to affect the climate on Earth.

ダニエル・ベイカーは、コロラド大学の惑星・宇宙物理学の専門家です。太陽嵐について、彼は「……政策立案者が真剣に取り組むべき問題です」と述べました。さらに、「……長期的に見ればそれは、起こるかどうかの問題ではなく、いつ起こるかの問題だ」とも述べています。

想定される被害

太陽の爆発は、まず電離層（地球の大気と宇宙が接する部分）と、無線通信を混乱させる可能性があります。また、スペースX社の衛星に引き起こされたように、一部の衛星にさらなる摩擦を生じさせることもあります。さらに、高電荷を帯びた粒子を持つ嵐は放射能を持つ可能性があり、軌道上にいる宇宙飛行士に危険をもたらすかもしれません。

「コロナ質量放出」と呼ばれる太陽表面のガスと磁場の爆発は、地球の電力システムをオーバーロードさせ、パイプラインの腐食を早める可能性があります。

ルンド大学のムシェラー氏は、「地磁気嵐は、適切な保護がなければ変圧器を焼き切る可能性がある」と述べています。

サンギタ・アブドゥ・ジョティ氏は、カリフォルニア大学アーバイン校のコンピュータサイエンスの助教です。彼女は、太陽嵐は北米とヨーロッパを結ぶ長距離通信回線にもダメージを与える可能性があると警告しています。

大規模な太陽嵐は、車の運転から飛行機の操縦まで、現代生活に欠かせない全地球測位システム（GPS）衛星を脅かす可能性があります。そして大きな嵐は、オゾンの減少を引き起こし、地球の気候に影響を及ぼす可能性があります。

policymakers 政策立案者

ionosphere 電離層（オゾン層の上にある、プラズマが滞留する層）
meet 〜に接する、〜と交わる
radio ラジオ、無線（電波を用いた通信全般）
highly charged particles 高エネルギー荷電粒子
radioactive 放射性の

coronal mass ejection コロナ質量放出（太陽からプラズマが大量に放出される現象）
overload 過剰に負荷をかける
corrosion 腐食
burn throufh 焼き切る、焼き尽くす

assistant professor 助教、准教授

Global Positioning System GPS、全地球測位システム

ozone オゾン（紫外線などで生成される不安定な物質。酸素の同素体）

Solar cycles

McDowell of Harvard-Smithsonian expects geomagnetic storm activity to increase as the sun nears its 11-year cycle of magnetic field activity known as sunspots.

The cycle is predicted to be at its worst in July 2025. Solar scientists say the good news is that it will be less intense than the most active cycles of past centuries. However, some governments seem unprepared for possible damage likely to be caused by future major storms.

Baker, the University of Colorado expert said a concerned woman in France contacted officials there for advice on how to prepare for a major geomagnetic storm.

They told her, "We suggest you buy a chocolate cake, eat it and wait for the end of the world."

I'm Jill Robbins. And I'm Dan Friedell.

sunspots （太陽）黒点（太陽の表面における低温度のスポット。周囲よりも温度が低いため黒く見える）

unprepared　準備ができていない

officials　公務員、当局

太陽活動周期

ハーバード・スミソニアン（天体物理学センター）のマクダウェル氏は、太陽が「太陽黒点」として知られる磁場活動の 11 年周期に近づくと、地磁気嵐活動が活発になると予想しています。

この周期は、2025 年 7 月に最悪の状態になると予測されています。太陽科学者によると、過去数世紀の最も活発な周期に比べれば、その強度は低いものになるだろうと述べています。しかしいくつかの政府には、将来の大規模な嵐により引き起こされうる被害への備えがないように見られます。

コロラド大学の専門家であるベイカー氏によると、地磁気の嵐を心配したフランスの女性が、地磁気嵐にどう備えればいいか、当局に問い合わせたそうです。

彼らはその女性に、「チョコレートケーキを買ってそれを食べ、世界の終わりを待つことをお勧めします」と伝えたそうです。

ジル・ロビンスです。そして、私はダン・フリーデルです。

A Future in Orbit

衛星軌道での未来

アルテミス計画に関連して、NASA は民間企業に対して月面商業輸送サービス（CLPS）の有償委託先を募集しました。国家主導の宇宙開発がより遠い宇宙を目指すとき、地球近くの宇宙開発は誰が担うのでしょうか？

🔊 22

Welcome to the future economy in low-Earth orbit.

NASA will be one of many investors of commercial development opening space to more people, more companies, and more ideas. An orbital economy inspires new opportunities for commercial partners to enable research, commerce, and unique experiences.

NASA's commercial crew and cargo partnerships launched this path to incorporating space into our economic sphere from NASA's two decades of continuous human presence in space.

And we are just getting started.

Private space flights enabling more types of people to visit space. Innovation in commercial space stations powering technological advancements that benefit our daily lives.

Low-Earth orbit transportation and destinations in the hands of the private sector frees NASA resources for human exploration to the Moon and beyond.

low-Earth orbit 地球低軌道

investors 投資家
commercial development
商業開発
orbital economy 軌道経済
inspire 〜を引き起こす
research 研究、調査（活動）
commerce 商売、商業（活動）

incorporate 取り込む、組み込む
economic sphere 経済圏
decade 10年、10年間

power 推進する
benefit 〜に利益をもたらす

free 解放する、自由にする

地球低軌道の未来経済へようこそ。

数ある宇宙の商業開発の投資家・投資企業の1つと
して、NASAは、多くの人々、企業、そしてさまざ
まなアイデアに対して、宇宙の扉を開こうとしてい
ます。低軌道での経済活動は民間のパートナーに、
研究や商業活動、独自な体験をする機会をもたらし
ます。

NASAは、20年にわたる宇宙での継続的な有人活
動から、民間乗組員や貨物輸送での民間との連携を
中心に、経済圏に宇宙開発を取り込む道を切り開き
ました。

私たちの活動は始まったばかりです。

民間宇宙飛行は、さまざまな人が宇宙へ行けるよう
にするものです。革新的な民間の宇宙ステーション
は日々の暮らしに役立つ技術的進歩につながりま
す。

民間企業が地球低軌道の輸送と目的地を担うこと
は、NASAの資源を、月やさらにその先への有人探
査のために解放することになるのです。

エンターテインメントの舞台としての宇宙

Space as an Entertainment Stage

　宇宙——それは無限に広がる神秘的な領域。宇宙の話題は、科学の進歩や技術の革新としての価値を持つだけでなく、宇宙そのものが憧れを、夢をかきたてる存在でもあります。星占いやプラネタリウム、小説にアニメや映画など、宇宙はさまざまな娯楽の題材となってきました。そして宇宙開発が進む今、宇宙は新たな形で娯楽の場になろうとしています。

　かつては政府機関の独占的な領域であった宇宙開発ですが、近年は人工衛星や探査機の製造・打ち上げコストが低下し、民間のベンチャー企業が盛んに参入しています。それに伴い、**宇宙旅行（space tourism）** や人工衛星を使ったイベントなど、宇宙のエンターテインメント的側面を利用したビジネスが次々と登場しています。

　民間人の宇宙旅行は、2021 年に ZOZO 創業者の前澤友作氏が旅行者として国際宇宙ステーション（ISS）に滞在し、その生活をインターネット発信したことが日本では大きな話題となりましたが、このとき利用したのはロシアの宇宙船「**ソユーズ (Soyuz)**」でした。2022 年にはアクシオム・スペース社の主催で、民間企業初の ISS 滞在旅行が成功しました。この成功は、民間企業が、民間で開発し

写真は前澤友作氏が搭乗したソユーズ MS-20。Photo: NASA

た宇宙船を利用し、**民間宇宙飛行士（private astronaut）** のみで ISS までの有人宇宙飛行に成功したという点で非常に革命的な一歩でした。現在の料金設定は数十億円と非常に高額ですが、宇宙旅行は着実に手の届く手段になってきていると言えるでしょう。

　もう少し手軽な「**サブオービタル旅行（sub-orbital flight）**」も注目です。サブオービタル旅行とは、宇宙空間の定義である高度 100km に到達し、眼下に地球を見渡す体験や数分間の無重力状態を楽しむ短時間の宇宙旅行です。2021 年にはヴァージン・ギャラクティック社とブルー・オリジン社が有人でのサブオービタル飛行を成功させました。

ビジネスとしてのエンターテインメントだけではなく、新しい芸術の表現を探求する取り組みもあります。多摩美術大学と東京大学による『ARTSAT：衛星芸術プロジェクト』では芸術専用衛星「INVADER」や深宇宙彫刻「DESPATCH」を打ち上げ、宇宙と地上を結ぶメディアとして宇宙機を活用しました。

宇宙のエンタメ分野は2050年には国内でも2兆円規模の市場に成長すると試算されています。宇宙エンターテインメントは個人が主体となる経済活動であり、**宇宙利用の民主化（Democratization of Space）**としても注目されています。個人の宇宙への興味や関心が高まり、宇宙開発への支援や科学技術の進歩へとつながれば、国が主導する月や火星の開拓もさらに促進することができるでしょう。

また、宇宙体験による「**概観効果（overview effect）**」も期待されています。広大な宇宙から見下ろす地球の美しさや脆さに畏怖を覚えることで、地球環境の保護や国際平和を促進する意識に目覚めると言われています。

宇宙エンターテインメントは人々に宇宙の魅力を伝えるだけでなく、宇宙への関心を高め、私たちの存在意義や人類の未来について考える機会を与えてくれるでしょう。

宇宙は今も昔も、さまざまな形で興味関心を集めています。宇宙ビジネスの進展とともに、より新しいエンターテインメントも登場するでしょう。
Photo: James/stock.adobe.com

ピックアップ　テーマ 🪏 を深掘るキーワード

宇宙を対象としたエンターテインメント
science fiction サイエンス・フィクション
space opera スペースオペラ
cosmic horror コズミックホラー、宇宙的恐怖（人類の理解を超えたものに対する恐怖をテーマとしたホラージャンル。ジャンルの起源となった作家ラブクラフトの名前から、Lovecraftian horror とも）
stargazing 星空観察
meteor shower 流星群

planetarium プラネタリウム
horoscope 星占い、占星術
Zodiac Sign 星座
宇宙でのエンターテインメント
space tourism 宇宙旅行（観光を目的とした宇宙空間への旅行・滞在全般を指す）
spaceflight 宇宙飛行（特に宇宙空間へ向かうことを指す）
spacewalk 宇宙遊泳

Adam Driver Asks NASA about Asteroids

アダム・ドライバーの NASA への質問

物語は必ずしも科学的に正確に描かれるとは言えません。でも、一度は思いますよね。「本当に地球に隕石が降ってきたらどうなってしまうんだろう」などと。SF 映画の主演を務めたアダム・ドライバーが、そんな疑問を NASA にぶつけてくれました。

🔊 23

(Adam Driver) Hi, I'm Adam Driver. I'm in a new movie called "65," where I play a space pilot who, 65 million years ago, crash-lands on prehistoric Earth.

"Location unknown." — I discover that an asteroid, the asteroid that wiped out the dinosaurs, is headed for Earth. — "Send help."

So my first question for NASA is, what if we found out that an asteroid like this were going to hit our planet today?

(Kelly Fast) Hi, Adam. I'm Kelly Fast. I'm an astronomer, and I manage the Near-Earth Object Observations Program in NASA's Planetary Defense Coordination Office.

Well, the good thing is that we're really not that concerned about asteroids of that size. Those large ones — most of them have been found. They're easier to spot. There are fewer of them.

https://www.youtube.com/
watch?v=qj6YsJqO6bA

65 映画『65 ／シックスティ・フ
ァイブ（邦題）』[巨大隕石の衝突が
目前に迫る過去の地球に不時着した
男の運命を描いた SF 映画]
crash-land 不時着する

wipe out 絶滅させる

**Near-Earth Object
Observations Program**
地球近傍天体観測プログラム
**Planetary Defense
Coordination Office** 惑星防
衛調整局

spot 見つける、位置を測定する

（アダム・ドライバー）こんにちは、アダム・ドラ
イバーです。私は『65 ／シックスティ・ファイブ』
という新作映画に出演し、そこで 6500 万年前の先
史時代の地球に不時着した宇宙飛行士の役を演じて
います。

……「現在地は不明」……私は、恐竜を絶滅させた
小惑星が地球の方向に向かっていることを発見しま
す。……「助けるんだ」……

そこで、NASA への私の最初の質問ですが、これと
似たような小惑星が今、地球に衝突することに気づい
たとしたら、いったいどうしたらよいのでしょうか。

（ケリー・ファスト）こんにちは、アダム。ケリー・
ファストです。私は天文学者で、NASA の惑星防衛
調整室で地球近傍天体観測プログラムの責任者を務
めています。

さて、幸いなことに、私たちはそのような大きさの
小惑星について、実はあまり心配してはいません。
それくらいの大きさのものは、すでにたいていのも
のが発見されているからです。見つけるのも簡単で
す。そうしたものは、もうほとんど残っていません。

But there are asteroids still left to be found that aren't that large, but still are of a size that could do damage should they impact. And so that's why NASA has a Planetary Defense Coordination Office.

If an asteroid were discovered that were going to impact Earth, NASA's role would be to inform planning, to give information about the asteroid, about where the impact would happen, about what the effects might be, so that everyone would have the most up-to-date, accurate and expert information available.

(Adam Driver) Last year, NASA sent a spacecraft to intentionally impact an asteroid as a test of technology. Would that work? Could that be an effective means of saving the planet from an asteroid?

(Kelly Fast) NASA's Double Asteroid Redirection Test, or DART, did successfully test a method of asteroid deflection, the kinetic impactor. And so DART showed that we do have technology for diverting an asteroid in space.

But there is still a lot left to be done. Options for deflecting an asteroid or doing anything about an asteroid really depend on the asteroid — on its size, on its composition. But crucially, on the amount of time before the impact. They have to be discovered early in order to be able to do something about them.

(Adam Driver) NASA sent a spacecraft to a near-Earth asteroid recently to collect a sample. Why are scientists bringing that sample to Earth, and what do they hope to learn?

ただし、それほど大きくはないものの、（地球に）衝突したら被害を及ぼす可能性がある大きさの小惑星でまだ発見されていないものがあります。そうした理由で、NASA には惑星防衛調整室が設置されているのです。

地球に衝突しそうな小惑星が発見された場合のNASA の役割は、対応策を通知し、その小惑星について、衝突すると思われる場所、想定される影響などについての情報を提供して、誰もが可能な限り最新で正確かつ専門的な情報を得られるようにすることです。

（アダム・ドライバー）昨年、NASA は技術検証のために探査機を打ち上げ、小惑星に意図的に衝突させました。それはうまくいくでしょうか。それは地球を小惑星から救う効果的な手段となり得るでしょうか。

（ケリー・ファスト）NASA の二重小惑星進路変更実験（DART）は、小惑星の軌道を変更させる手法「キネティック・インパクター」の実験に成功しました。こうして、DART は、私たちには宇宙空間で小惑星の方向を変える技術があることを証明しました。

しかし、やるべきことはまだたくさん残っています。小惑星の進行方向をそらしたり、それに対して何かをしたりするために利用できる手段は、実際には小惑星——その大きさや組成——に左右されるからです。しかし何よりも重要なのは、衝突が起きるまでの時間です。小惑星に対処するには、それを早期に発見する必要があります。

（アダム・ドライバー）先ごろ NASA はサンプルを採取するために地球の近くにある小惑星に探査機を送りました。科学者たちは、なぜそのサンプルを地球に持ち帰り、それから何を知ろうとしているのでしょうか。

accurate 正確な、正しい
expert 専門家の、専門的な

intentionally 意図的に

Double Asteroid Redirection Test 二重小惑星進路変更実験
deflection （進路を）そらすこと
kinetic impactor キネティック・インパクター［動力学的衝突体］
divert （進路を）そらす

option 選択肢、選べるもの

composition 構成、（物体の）組成

Part
3

ビジネスの場としての宇宙

(Kelly Fast) NASA's first asteroid sample return mission, OSIRIS-REx, successfully collected pieces of an asteroid called Bennu to bring that sample back to Earth. Scientists are very interested in studying Bennu because it is largely unchanged since the formation of the solar system.

And so scientists plan to study that sample to learn about the early solar system, to learn about the origins of organics and water, which are important for studying life on Earth.

(Adam Driver) Well, this goes without saying, but thank you for your work in keeping the planet safe from world-ending asteroids plummeting into our planet. Maybe I shouldn't look so happy when I say that.

OSIRIS-REx オサイリス・レックス［小惑星ベンヌからサンプルを回収する計画で用いられる NASA の探査機］
Bennu ベンヌ［2100 年代に地球に接近する可能性があるとされる小惑星］

organic 有機（化合）物

go without saying ～は言うまでもない
plummet 急降下する

（ケリー・ファスト）NASA が小惑星からサンプルを回収する最初のミッションであるオサイリス・レックスは、ベンヌという名の小惑星からの物質の採取に成功し、そのサンプルを地球に持ち帰ることになっています。科学者たちがベンヌの調査に大きな興味を持っている理由は、それが太陽系の形成以来ほとんど変わっていないためです。

したがって、科学者たちは、そのサンプルを研究することで、初期の太陽系だけでなく、地球上の生命を研究する上で重要な有機物と水の起源についての知識を得ようとしているのです。

（アダム・ドライバー）これは言うまでもないことですが、世界を滅ぼすような小惑星が地球に落下することを防いで地球を守ってくれている NASA のお仕事に感謝いたします。小惑星の落下について何か言うとき、私はあまりうれしそうな顔をすべきではないかもしれませんね。

Virgin Galactic to Renew Spaceplane Flights

ヴァージン・ギャラクティック、宇宙飛行を再開

　2021年は、宇宙に行った民間宇宙旅行者数が職業宇宙飛行士数を上回る、「宇宙旅行元年」と言われる記念すべき年でした。この記事では急拡大する宇宙旅行ビジネスを担う企業の１つ、宇宙旅行会社ヴァージン・ギャラティック社を紹介します。

🔊 24

Virgin Galactic has completed improvements to its VSS Unity spaceplane. The company plans to restart a passenger flight program this year, the company said Tuesday.

Virgin Galactic suspended flights of the Unity and its carrier plane, the VMS Eve, in 2021 to work on the craft. The VSS Unity launches from the surface of the Eve after that plane carries the spacecraft up.

Virgin Galactic was founded in 2004 by billionaire Richard Branson.

Virgin Galactic chief Michael Colglazier said the company's goal for the near future is to safely provide flights on a usual basis. The company wants to give both researchers and space tourists "an unrivaled experience," he said.

https://learningenglish.voanews.
com/a/virgin-galactic-to-renew-
spaceplane-flights/6985651.html

Virgin Galactic ヴァージン・ギ
ャラクティック（ヴァージン・グル
ープのリチャード・ブランソン会長
が 2004 年に設立した宇宙旅行ビジ
ネスを扱う会社）

spaceplane flight 宇宙船の飛行

VSS Unity spaceplane 宇宙
船「VSS ユニティ」

passenger flight 乗客を乗せ
た（宇宙）飛行

carrier plane 宇宙船を上空ま
で運んでいく航空機

craft 飛行機、宇宙船

Richard Branson リチャード・
ブランソン（1950 ～。イギリスの実
業者でヴァージン・グループの会長）

Michael Colglazier マイケル・
コルグレイザー（ヴァージン・ギャ
ラクティックの最高経営責任者）

on a usual basis 通常のペー
スで

unrivaled experience 比類の
ない経験

ヴァージン・ギャラクティックは自社開発の宇宙船
「VSS ユニティ」の改修を終えたとして、今年中に
乗客を乗せた商業飛行を再開する予定だと火曜日に
発表しました。

ヴァージン・ギャラクティックは「VSS ユニティ」
とその発射に用いられる航空機「VMS イヴ」の運
用を、宇宙船の改修作業を理由に 2021 年に停止し
ていました。VSS ユニティは VMS イヴによって上
空まで運ばれたのち、VMS イヴから発射されるこ
とになっています。

ヴァージン・ギャラクティックは、富豪のリチャード・
ブランソン氏によって 2004 年に設立されました。

ヴァージン・ギャラクティックのマイケル・コルグ
レイザー CEO（最高経営責任者）は、同社は近い
うちに安全な宇宙旅行を通常のこととして提供する
ことを目指しているとして、研究者たちにも宇宙旅
行者にも「比類のない体験」を提供したいと述べて
います。

In February, Galactic made the first test flight of its carrier plane since 2021. The company is planning "two or three" test flights before any passenger transports, Colglazier said. The first flight will center on research for the Italian Air Force.

The company hopes to do monthly flights after that to serve the 800 customers who have already purchased trips on the spaceplane.

In February, Galactic re-opened ticket sales to the public. The cost of a flight is about $450,000 per person.

The spaceplane is to fly passengers about 80 kilometers above Earth where they will spend about 10 minutes in low gravity. The spaceplane will then return home, landing in a way similar to that of a traditional airplane.

The VMS Unity and its carrier plane take off and land in the state of New Mexico. In 2014, a Virgin Galactic passenger spaceship broke up during a test flight, killing one pilot and badly injuring another.

I'm Andrew Smith.

test flight　試験飛行

今年2月、ヴァージン・ギャラクティックは2021年以降初めての試験飛行を行いました。同社は宇宙旅行者を乗せる前に「2～3回」の試験飛行を予定しており、その1回目はイタリア空軍による科学研究が中心となるだろうとコルグレイザー氏は語りました。

ヴァージン・ギャラクティックは、「宇宙船の旅」のチケットをすでに購入している800人のために、1回目の後も毎月飛行を行いたいと述べています。

同社は今年2月に一般向けチケットの販売も再開しました。価格は一人当たり約45万ドルです。

low gravity　微小重力、無重力

traditional　伝統的な、従来の

「VSS ユニティ」は乗客を乗せて上空約80kmのところまで飛行し、乗客はそこで10分間ほど微小重力（いわゆる無重力）状態を経験することになります。その後、宇宙船は従来の航空機と同様の方法で地球に帰還し、着陸します。

break up　分裂する、壊れる

VMS ユニティと VMS イヴの離着陸はニューメキシコ州で行われることになっています。2014年にはヴァージン・ギャラクティックの別の宇宙船が試験飛行中に墜落し、搭乗していた飛行士1人が死亡し、もう1人の飛行士も重傷を負うという事故がありました。

アンドリュー・スミスがお伝えしました。

宇宙ビジネスと持続可能性

解説：株式会社アクセルスペース

Space Business And Sustainability

　近年、宇宙ビジネスと**サステイナビリティ（sustainability、持続可能性）**との両立を目指す企業や、宇宙のサステイナビリティ推進を事業内容にした企業が少しずつ増えてきています。

　スペースシャトルを使って宇宙に人や物を運んでいた時代、スペースシャトルは何度も繰り返し使用するものでした。一方、宇宙への輸送手段としてのロケットは1度だけ使用するものと考えられていましたが、近年は**完全再使用型ロケット（reusable launch vehicle、RLV）**も登場しています。

　この背景には、宇宙空間をさまよう**スペースデブリ（Space Debris）**の問題があります。スペースデブリは軌道上で使われなくなった人工衛星やロケットなどの残骸、また爆発などで発生した破片などが該当し、数万個が宇宙空間に存在すると言われています。**国連宇宙空間平和利用委員会（United Nations Committee on the Peaceful Uses of Outer Space、UNCOPUOS）**では、スペースデブリの発生を防止するための「**スペースデブリの低減のためのガイドライン（Space Debris Mitigation Guidelines)**」を承認・提言し、宇宙空間のサステイナビリティの推進を目指しています。

　UNCOPUOSのガイドラインをもとに、**国際連合宇宙局（United Nations Office for Outer Space Affairs、UNOOSA）**が国ごとや国際レベルでの法律整備を目指した法務小委員会を立ち上げて議論を行っており、UNCOPUOSの加盟国に対して最大限可能な範囲で自主的に対策することを求めています。これを受けた個別のガイドライン作成も行われており、たとえばアクセルスペース社では、宇宙機製造から運用終了後の廃棄までのライフサイクル全体で宇宙機のサステイナビリティを目指す独自のガイドライン、「Green Spacecraft Standard」を定めています[※]。

デブリ対策は現在軌道上で運用している人工衛星などを守るためにも重要です。スペースデブリへの対応としては現在、**宇宙空間に存在するデブリを減らすこと（Active Debris Removal、ADR）**と、**これ以上デブリを増やさないこと（Post Mission Disposal、PMD）**の２つの方向性があります。ADR の分野では、人工衛星を活用してデブリに接近、運動を推定し、デブリを捕らえる、軌道変更させるたりするサービスなどが実用化に向けて動き出しています。

　またデブリを除去するためには、軌道上に残っているデブリの状況を正確に把握することも必要です。**北アメリカ航空宇宙防衛司令部（NORAD）**の**宇宙監視ネットワーク（Space Surveillance Network、SSN）**やロシアの**宇宙監視システム（Space Surveillance System、SSS）**などでは、低軌道で約 10cm 以上の比較的大きなデブリを宇宙空間で認識すると、カタログに登録して常時監視を行っています。欧州やその他の国でも、**宇宙状況把握（Space Situational Awareness、SSA）**として取り組みが進んでいます。

宇宙デブリの存在は宇宙ビジネスの持続可能性を脅かすものです。写真は宇宙デブリを捕捉・監視するための衛星、NanoRacks 社の RemoveDEBRIS です。宇宙ビジネスが盛り上がるにつれ、宇宙デブリ対策の重要性は増していくでしょう。
Image: NASA/Johns Hopkins, APL/Steve Gribben

ピックアップ　テーマ を深掘るキーワード

衛星軌道上での取り組み

in-orbit servicing 軌道上サービス（衛星軌道上で直接展開されるサービスの総称）

Active Debris Removal 能動的デブリ除去（デブリの破砕や捕獲、衛星の破砕防止などによるデブリの削減活動）

space debris スペースデブリ（地球軌道上を、音速をはるかに越える速度で周回する人工物。人工衛星の損傷原因となりうる）

Space Sustainability Rating 宇宙サステイナビリティ格付（世界経済フォーラムが発表する、企業のデブリ削減努力の格付け）

持続可能性を向上させるための取り組み

Space Situational Awareness (SSA) 宇宙状況把握（衛星への衝突事故を回避するためにデブリや衛星などの周回軌道を把握すること）

Space Traffic Management 宇宙交通管理（宇宙機の打ち上げから運用まで、それらが安全に行われるように管理するという考え方）

Satellite conjunction analysis 衛星衝突評価（衛星が軌道上の別の物体にぶつかるリスクの評価）

Astronomers Sound Alarm About Satellites' Light Pollution

天文学者が人工衛星の光害について警鐘を鳴らす

自然に存在していなかったものを生み出すことは、常にデメリットと隣り合わせです。宇宙という広大な空間に設置された人工衛星も例外ではありません。この記事では、人工衛星の光害がさまざまな損失をもたらすと警告しています。

PARIS — Astronomers on Monday warned that the light pollution created by the soaring number of satellites orbiting Earth poses an "unprecedented global threat to nature."

The number of satellites in low Earth orbit has more than doubled since 2019, when U.S. company SpaceX launched the first "mega-constellation," which comprise thousands of satellites.

An armada of new internet constellations are planned to launch soon, adding thousands more satellites to the already congested area fewer than 2,000 kilometers (1,250 miles) above Earth.

Each new satellite increases the risk that it will smash into another object orbiting Earth, creating yet more debris.

This can create a chain reaction in which cascading collisions create ever smaller fragments of debris, further adding to the cloud of "space junk" reflecting light back to Earth.

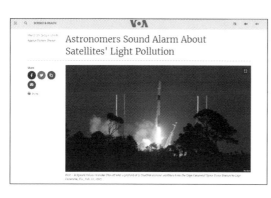

https://www.voanews.
com/a/astronomers-sound-
alarm-about-satellites-light-
pollution-/7013799.html

astronomer 天文学者

sound alarm 警告を発する、警鐘を鳴らす

light pollution 光害

soaring うなぎ上りの

pose 〜をもたらす

unprecedented 前例のない、空前の

low Earth orbit 地球低軌道

mega-constellation メガコンステレーション。多数の人工衛星を協調動作させる運用方式を「衛星コンステレーション（satellite constellation）」と呼び、大規模のものはメガコンステレーションと呼ばれる

comprise 〜から成る

armada 大編成部隊

internet constellation インターネットコンステレーション。衛星インターネットのための衛星コンステレーション

congested 混雑している

smash into ... 〜に激突する

debris デブリ、残骸、破片、くず

chain reaction 連鎖反応

cascading 連鎖的に生じる

fragment 破片、断片

space junk 宇宙ごみ。機能を停止した人工衛星から宇宙飛行士が落とした工具などまで、地球の衛星軌道上周回しているあらゆる不用の人工物

パリ——月曜日、天文学者たちが、地球を周回する人工衛星の急増によって引き起こされる光害について、「空前の地球規模の自然への脅威」をもたらすと警告しました。

地球低軌道を周回する人工衛星の数は、米国企業SpaceX が数千の衛星からなる最初の「メガコンステレーション」を打ち上げた 2019 年以来、2 倍以上に増えています。

新しいインターネットコンステレーションの大編成部隊が間もなく打ち上げられる予定で、これにより、すでに混雑している地上 2000km（1250 マイル）より低空の区域に、さらに数千の人工衛星が追加されることになります。

新しい人工衛星が打ち上げられるたびに、地球を周回する別の物体に衝突するリスクが高まります。衝突が、さらに多くの残骸を生み出すことになります。

このことは、連鎖反応を生む可能性があります。こうした衝突の連鎖によって、より小さな破片が生まれて「宇宙ごみ」の雲ができ、この雲がますます地球からの光を地球に反射します。

In a series of papers published in the journal *Nature Astronomy*, astronomers warned that this increasing light pollution threatens the future of their profession.

In one paper, researchers said that for the first time they had measured how much a brighter night sky would financially and scientifically affect the work of a major observatory.

Modeling suggested that for the Vera Rubin Observatory, a giant telescope currently under construction in Chile, the darkest part of the night sky will become 7.5 percent brighter over the next decade.

That would reduce the number of stars the observatory is able to see by around 7.5 percent, study co-author John Barentine told AFP.

That would add nearly a year to the observatory's survey, costing around $21.8 million, said Barentine of Dark Sky Consulting, a firm based in the U.S. state of Arizona.

He added that there is another cost of a brighter sky that's impossible to calculate: the celestial events that humanity will never get to observe.

And the increase in light pollution could be even worse than thought.

Another *Nature* study used extensive modeling to suggest that current measurements of light pollution are significantly underestimating the phenomenon.

paper　研究論文
journal　専門誌、定期刊行物
Nature Astronomy　2017 年
創刊の査読付き科学専門誌
profession　職業、専門職

measure　測定する、評価する
affect　～に影響する
observatory　天文台
modeling　ここでは科学的モデ
リングを指す。ある事象について、
得られているデータ・情報を基に数
理モデルなどを導き出すこと
Vera Rubin Observatory　ヴ
ェラ・ルービン天文台。チリのパチ
ョン山に建設中の天文台。2024 年
10 月に観測開始予定
reduce ... by ~　…を～だけ減
少させる
study　研究論文
survey　調査
firm　会社、（法律・会計などの）
事務所
based in ...　～に本拠がある、
～に基礎を有する
calculate　～を算出する
humanity　人類
get to do　（困難だけれど）～す
ることができる、～する機会を得る

increase　増加

extensive　広範囲の、大規模な
suggest that ...　～ということ
を示唆する・示す
measurements　測定結果
underestimate　過小評価する

専門誌『ネーチャー・アストロノミー』に掲載され
た一連の論文において天文学者たちは、この増加す
る光害が彼らの職業の将来を脅かすと警告しました。

その中の 1 つの論文で研究者たちは、夜空が明るく
なることで天文台の主要な仕事が経済的・科学的に
どの程度影響を受けるかを、初めて評価したと述べ
ています。

モデリングから、現在チリで建設中のヴェラ・ルー
ビン天文台に設置される巨大な望遠鏡では、夜空の
最も暗い部分が今後 10 年間で 7.5% 明るくなるで
あろうことがわかりました。

そうなった場合には、天文台が見ることができる星
の数も約 7.5% 減少するだろうと、論文の共同執筆
者の 1 人ジョン・バレンティンは AFP に語りました。

米国アリゾナ州に本拠を置くダーク・スカイ・コン
サルティング社に勤務するバレンティンはまた、こ
のことにより天文台の調査は 1 年近く期間が延び、
約 2180 万ドルの費用がかかると述べました。

彼はさらに、空が明るくなることには計算できない
別の損害があると付け加えました。天体現象の中に
人類がもう観測できなくなるものが出てくるという
のです。

また、光害の増加は考えられているよりも深刻かも
しれません。

『ネーチャー・アストロノミー』誌に掲載された別
の研究では、大規模なモデリングによって、光害の
現在の測定値が現象を著しく過小評価していること
を示唆しています。

A call to 'stop this attack' of light

The brightening of the night sky will not just affect professional astronomers and major observatories, the researchers warned.

Aparna Venkatesan, an astronomer at the University of San Francisco, said it also threatened "our ancient relationship with the night sky."

"Space is our shared heritage and ancestor — connecting us through science, storytelling, art, origin stories and cultural traditions — and it is now at risk," she said in a *Nature* comment piece.

A group of astronomers from Spain, Portugal and Italy called for scientists to "stop this attack" on the natural night.

"The loss of the natural aspect of a pristine night sky for all the world, even on the summit of K2 or on the shore of Lake Titicaca or on Easter Island is an unprecedented global threat to nature and cultural heritage," the astronomers said in a *Nature* comment piece.

"If not stopped, this craziness will become worse and worse."

The astronomers called for drastically limiting mega-constellations, adding that "we must not reject the possibility of banning them."

They said that it was "naive to hope that the skyrocketing space economy will limit itself, if not forced to do so," given the economic interests at stake.

call to do ～する必要
brightening 明るくすること、
輝かせること

ancient 古来の

heritage 遺産、先祖伝来のもの、
財産
ancestor 先祖
origin story ある文化がどのよ
うに生まれたかを説明する物語
at risk 危険にさらされて
comment piece コメント記事
call for ... to do …（人）に～
を要請する

pristine 元のままの
the summit of ... ～の頂上
K2 カラコルム山脈の最高峰。標
高8611mで、世界第二の高さ
shore of ... ～の岸辺
lake Titicaca チチカカ湖。ア
ンデス山脈中部にある湖。水面の標
高が最も高いことで知られる
Easter Island イースター島。南
太平洋東部にあり、モアイ像が有名
craziness 狂気（じみているこ
と）、ばかげたこと
drastically 徹底的に、思い切って
reject ～を拒絶・拒否・排除する
naive 世間知らずの、浅はかな
skyrocketing 急上昇する、急
増する
given ～を考慮に入れると
economic interests 経済的利益
at stake 賭けられて、問題とな
って

光による「この攻撃を止める」ことの必要性

夜空が明るいことで影響を受けるのはプロの天文学
者と主要な天文台だけではないと、研究者たちは警
告しています。

サンフランシスコ大学の天文学者アパーナ・ヴェン
カテサンは、「人間と夜空の古代からの関係」もま
た脅かされているのだと述べています。

「宇宙は私たちの共有財産であり共通の祖先です。
科学、物語、芸術、起源の物語、文化的伝統を通し
て私たちを結びつけています。しかし、それが今、
危機に瀕しているのです」と、彼女は『ネーチャー・
アストロノミー』誌のコメントの中で述べています。

スペイン、ポルトガル、イタリアの天文学者のグル
ープは科学者たちに向けて、自然の夜に対する「こ
の攻撃を止めよう」と呼びかけました。

「K2の頂上でも、チチカカ湖の岸辺でも、イースタ
ー島でも、手付かずの自然そのままの夜空の様相が失
われているのは、自然と文化遺産に対するかつてない
地球規模の脅威です」と天文学者たちは『ネーチャー・
アストロノミー』誌のコメントの中で述べています。

「止めなければ、このばかげた事態はますます悪化
していくでしょう」

天文学者たちはメガコンステレーションを徹底的に
制限するよう求め、さらに、「それらを禁止する可
能性も排除してはなりません」と述べています。

経済的利益にかかわることを考えると、「急激に増
大している宇宙経済が、強制されることなしに自制
すると期待するのは、浅はかです」と、彼らは述べ
ています。

Part
3

ビジネスの場としての宇宙

NASA Administrator Celebrates Small Business Week

「中小企業週間」への NASA 長官の祝辞

宇宙開発には大企業に限らず、多くの人間が関わっています。かつてのアポロ計画では総額 30 兆円、40 万人が関わったとも。この記事で紹介される NASA 長官の祝辞では、宇宙事業における中小企業の重要性が述べられています。

🔊 26

Hello, I'm NASA Administrator Charles Bolden. This week, NASA is very proud to join with President Obama, the Small Business Administration and the American people to celebrate Small Business Week.

Small businesses are the backbone of the American economy. They employ about half of all private sector employees. They account for 42 percent of the total U.S. private payroll and they are incubators of innovation, developing new products and new ways of solving problems that are benefiting communities and maintaining America's leadership in the global economy.

I am especially proud of NASA's record of support for the small businesses that are essential to our achievements in space and here on Earth.

The agency has received an A on the SBA scorecard, which measures how well federal agencies reach their small business prime and subcontracting goals.

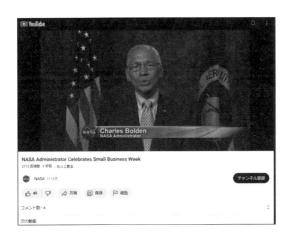

https://www.youtube.com/
watch?v=5vuTfRkiRJU

Small Business Administration (SBA) 中小企業庁

backbone 根幹、中枢
private sector 民間部門
payroll （従業員に対する）支払
給与総額
incubator 培養器、養成所

achievement 達成、成就

SBA scorecard 中小企業庁の調
達に関わる評価ツール（連邦政府が中
小企業に対してどの程度支援を提供し
たかを評価する）
subcontracting 下請け

こんにちは、私は NASA 長官のチャールズ・ボー
ルデンです。今週、NASA は、オバマ大統領、中小
企業庁、およびアメリカ国民とともに、「中小企業
週間」を祝えることをとても誇りに感じています。

中小企業はアメリカ経済の根幹をなすものです。中
小企業は、すべての民間企業の従業員のおよそ半数
を雇用しています。また、米国の民間企業の給与支
払い総額の 42% を占め、技術革新を育てる場所と
なって新製品や問題解決の新しい方法を開発し、そ
れが地域社会に恩恵をもたらすとともに世界経済に
おけるアメリカの指導的な地位を保つことに貢献し
ています。

私は特に、われわれが今まで宇宙、そしてこの地球
で成し遂げたことにおいて重要な役割を果たしてく
れた中小企業を NASA が支援してきた実績を誇り
に思っています。

当機関は、中小企業庁のスコアカードで A の評価を
受けましたが、これは、連邦政府機関が中小企業に
対して元請けおよび下請け契約数の目標をどれだけ
達成しているかを測るものです。

In fiscal year 2013, NASA awarded over $2.7 billion directly to small businesses and we exceeded our goal by more than 4 percent, with 21.4 percent of all our prime contracts going to small businesses. NASA has increased its small business prime awards, despite decreasing budgets for the past four years.

But it's not all about money. We know that many small businesses, especially those seeking to do business with the federal government, need counseling and mentoring in order to effectively compete and take advantage of all the opportunities available to them. That is the purpose of NASA's Mentor Protégé program.

This program encourages NASA prime contractors to assist eligible small business protégés so that they can become a part of the competitive base of contractors that are helping shape the future of space exploration, scientific and technological discovery, and aeronautics research.

NASA is ushering in a new era of space exploration. We're making strides toward our goal of a human mission to Mars. We're planning a mission to capture and redirect an asteroid so our astronauts can visit and bring back samples.

We're working with commercial space companies to return cargo and human launches to American soil. And we're building the vehicles and perfecting the technologies to enable us to send our astronauts farther into space than anyone has ever gone before.

award （契約を）授与する、発注
する

prime award 主契約

mentoring メンタリング［熟練
者が未熟練者に助言や手助けをしな
がら人材を育成すること］
Mentor Protégé program
メンター・プロテジェ・プログラム［大
企業などのメンター企業が、技術力
を持つ中小企業（プロテジェ企業）
とパートナーシップを結び、NASA
の契約を獲得できるように支援する
プログラム］
protégés 直訳すると「被保護
者」。元はフランス語

usher in 取り入れる、導入する
make a stride 発展を遂げる

launch （ロケットの）打ち上げ

2013 会計年度に、NASA は 27 億ドル以上を中小
企業に直接支出し、私たちは目標を 4% 以上上回り、
すべての元請け契約の 21.4% が中小企業を対象と
していました。NASA は、過去 4 年間の予算の削減
にもかかわらず、中小企業の元請け業者を増やして
きました。

しかし、それは単に資金だけの問題ではありません。
多くの中小企業、特に連邦政府と取引をしようとし
ている中小企業は、効果的に競争し、利用可能なす
べての機会を活用するために、カウンセリング（相
談）やメンタリング（指導）が必要であることを私
たちは承知しています。それが NASA の「メンター・
プロテジェ・プログラム」の目的です。

このプログラムは、NASA の元請け業者（メンター
企業）が有望な中小企業（プロテジェ企業）を支援
するように奨励することで、中小企業が宇宙探査、
科学的および技術的発見、航空研究の未来の形成に
貢献してくれるような競争力のある請負業者の一員
になることを目指しています。

NASA は、宇宙探査の新時代を切り開こうとしてい
ます。私たちは、火星への有人ミッションという目
標に向かって前進しています。宇宙飛行士が小惑星
を訪れてサンプルを持ち帰ることができるように、
小惑星を捕捉して軌道を変更するミッションを計画
しています。

私たちは民間宇宙企業と協力して、宇宙空間に打ち
上げた貨物や人間をアメリカの地に帰還させようと
しています。そして、宇宙飛行士をこれまでにない
ほど遠くの宇宙に送り出せるようにするために、宇
宙船を建造し、技術をより完全なものにしています。

Part
3

ビジネスの場としての宇宙

Small businesses are essential to everything we do. I want to thank the small business community for the indispensable role you play, not only here at NASA but throughout the nation.

And I want to thank NASA's Office of Small Business Programs and the small business specialists at each of our centers for your outstanding achievements and commitment to the small business mission. At NASA, small business truly does make a big difference.

Thank you.

indispensable　必要不可欠な

中小企業は、私たちが行うすべてのことにとって非常に重要なのです。ここ NASA だけでなく、全米で不可欠な役割を果たしている中小企業コミュニティに感謝したいと思います。

また、NASA の中小企業支援プログラム部門および各センターの中小企業専門家のみなさまに対し、その素晴らしい業績と中小企業支援という使命への取り組みに感謝いたします。NASA では、中小企業は間違いなく非常に大きな変化を生み出しています。

make a big difference　大きな変化を生む

ご清聴ありがとうございました。

Part
3

ビジネスの場としての宇宙

Part 4

宇宙を巡る
国際関係

　山や川、海といった地形的特徴の存在しない宇宙空間は、現在は世界共通の公共空間として扱われています。しかし地球上の世界各国上空への自由なアクセスを可能とするこの宇宙空間とそこに浮かぶ人工衛星は、ともすれば国家安全保障に著しい影響を与えうるものです。

　この Part 4 では、国際関係や各国の安全保障に焦点を当てて、それらにおける宇宙空間の位置付けについて解説します。

宇宙は誰のものか

Who Is the "Space" for?

　宇宙は誰のものでしょうか。**宇宙条約（Outer Space Treaty）**に従えば、宇宙は「**全人類に認められる活動分野(the province of all mankind)**」であり、「**国家による所有権の対象にならない（not subject to national appropriation）**」空間であり、過去から未来にわたる人類共通の遺産だと言えるでしょう。

　宇宙条約は国際連合が採択し、1967 年に発効された条約です。この条約は人類初の宇宙に関する基本法であり、宇宙活動の基本原則を定める国際的な合意です。なかでも重要性が高いのが次の 4 つの規則です。

> ① **宇宙活動自由の原則**：宇宙空間の探査および利用は全人類に認められ、科学的調査は自由である（宇宙条約第 1 条に規定）
> ② **宇宙空間領有禁止の原則**：天体を含む宇宙空間は、国家によるいかなる領有権の対象にもならない（同第 2 条に規定）
> ③ **宇宙平和利用の原則**：宇宙空間の軍事利用を禁止する（同第 4 条に規定）
> ④ **国家への責任集中の原則**：政府機関活動・非政府組織活動であるかを問わず、宇宙開発活動の国際的責任は国家が担う（同第 6 条に規定）

　しかし、宇宙条約ではいくつかの不十分な点があります。その 1 つが、天体上の資源の所有や利用に関する規定が不明確であることです。領有禁止原則は、宇宙条約の第 2 条で「月その他の天体を含む宇宙空間は、[…] 国家による取得の対象とはならない」と規定されています。しかしここで明記されているのはあくまでも「国家」による所有の禁止でしかなく、個人や企業による所有に対しては言及されていません。Lunar Embassy 社が販売する『月の土地』は 130 万人以上が購入していますが、実際に人類が月へ移住する際にどれだけの効力を持つかは未知数です。

写真はアポロ 11 号で月面着陸した宇宙飛行士バズ・オルドリンの足跡写真。こういった人類史上重要な跡地は宇宙遺産と呼ばれ、アルテミス合意で保護されることが求められています。
Photo：NASA

近年は民間企業の商業宇宙開拓の発展が著しく、国際的な**宇宙資源（space resources）** 採掘の法整備が急務となっています。日本では 2021 年に国内法として、民間企業が宇宙空間で採取した資源について国として所有権を認めることを定める『宇宙資源法』を発効しています。**プラチナ（platinum）** や**ニッケル（nickel）** などの**希少金属（rare metal）** を筆頭に、宇宙には有用な**鉱物資源（mineral resources）** が大量に存在しています。まだまだ宇宙資源の採取や運搬には高いコストと技術的な課題があり鉱山としての利用は難しいですが、反面高いプレミア価値を期待することもでき、数々のスタートアップが小惑星採掘に参入しています。

　科学的探査であっても問題はあります。宇宙資源の利用法には、地球外での活動を支援するための現地資源利用（**In-Situ Resource Utilization、ISRU**）もあります。たとえば、アルテミス計画の月面探査では月の土（**レゴリス [regolith]**）を使った建築や、現地の水から酸素・水素を抽出する地産・地消型の探査が検討されています。しかし、そうだとしても開拓はそれまで何億年と続いてきた環境を失わせる活動でもあることは忘れてはいけません。

ピックアップ　テーマ 🔨 を深掘るキーワード

宇宙に関する国際的な取り決め

Space law 宇宙法（宇宙条約を含めた、宇宙空間での活動に関する法律の総称。国際条約としては、基本となる宇宙条約を含めて現在 5 つの条約が存在する。また、ほかにも国連によりいくつかの原則が採択されている）

instruments（条約などの）文書

Signatory 署名国

Rescue Agreement 宇宙救助返還協定（1967 年採択、1968 年発効。遭難した宇宙飛行士の救助や宇宙空間にある物体の取り扱いについて定めている。日本は 1983 年に批准）

Liability Convention 宇宙損害責任条約（1971 年採択、1972 年発効。宇宙空間に打ち上げられた物体により生じた損害の責任を打ち上げ国が負うことを定めた条約。日本は 1983 年に批准）

Registration Convention 宇宙物体登録条約（1974 年採択、1976 年発効。国家による宇宙打ち上げ管理、および国連への通知を定めた条約。日本は 1983 年に批准）

space object 宇宙物体（宇宙空間に打ち上げられた人工物全般を指す）

Moon Treaty 月協定（1979 年採択、1984 年発効。特に土地・資源の所有権の否定が有名だが、批准国は 18 カ国と少なく、日本も批准していない）

space heritage 宇宙遺産（ロケットエンジンや月面着陸の跡地など、宇宙に関する人類遺産全般を指す）

space resources 宇宙資源

extraction 採取（すること）

Artemis Accords アルテミス合意（2020 年署名の国際合意。宇宙条約を踏まえた内容となっているほか、宇宙資源の利用や宇宙遺産の保護、宇宙デブリの対策が新たに求められている）

International Partnership for the Moon and Mars on This Week

月と火星に関する国際的パートナーシップ

宇宙開発は各国の人材・技術・資源を集めて行われる、極めて国際的な事業です。この記事では、アメリカで開催された第70回国際宇宙会議や、宇宙関連のデータを使った課題解決を行うハッカソンについて触れられています。

🔊 27

An update on that historic all-woman spacewalk … And a milestone for the James Webb Space Telescope … A few of the stories to tell you about — This Week at NASA — International Edition!

For the first time in almost two decades, the International Astronautical Congress — or IAC — met in the United States, and kicked it off with remarks from Vice President Mike Pence about the future of human space exploration.

"With Apollo in the history books, the Artemis mission has begun, and we are well on our way to making NASA's Moon to Mars mission a reality."

During the conference, NASA showcased plans for the Artemis program, which will send the first woman and next man the Moon by 2024, using innovative commercial and international partnerships, technologies and systems.

"We need international partners. We can all do more when we work together than any one of us can do if we go alone."

https://www.youtube.com/
watch?v=V7qrZcTrPlg

spacewalk （宇宙空間での）船外活動、宇宙遊泳
milestone 重要な段階

International Astronautical Congress 国際宇宙会議 [1950 年に始まった世界最大の宇宙関連会議]
kick off （イベントなどを）始める

be well on one's way to ～へ向かって着実に進んでいる

showcase 大きく紹介する

女性だけによる歴史的な船外活動についての最新情報……そして重要な段階を迎えたジェームズ・ウェッブ宇宙望遠鏡……みなさんにお伝えしたいいくつかのトピック。「今週の NASA」国際版をお届けします！

ほぼ 20 年ぶりに国際宇宙会議（IAC）が米国で開催され、人類による宇宙探査の将来に関するマイク・ペンス副大統領の演説で開幕しました。

「アポロ計画はすでに歴史に刻まれていますが、アルテミス計画が始まり、われわれは NASA の『月から火星へ』計画の実現に向けて着実に歩みを進めています」

この会議の中で、NASA はアルテミス計画の内容を紹介し、画期的な民間および国際的なパートナーシップ、技術、システムを活用して、2024 年までに史上初となる女性および新たな男性を月に送る予定だということを公表しました。

「私たちには国際的なパートナーが必要です。私たちが協力し合うならば、それぞれが単独で行うよりも多くのことを全員が成し遂げられるからです」

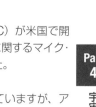

Part
4

宇宙を巡る国際関係

In addition to highlighting our growing partnerships with international space agencies, Administrator Bridenstine also showcased our new lunar mobile robot known as VIPER — the Volatiles Investigating Polar Exploration Rover.

VIPER will sample water ice and collect about 100 days of data that will inform the first global water resource maps of the moon.

"VIPER is going to rove on the south pole of the Moon, and VIPER is going to assess where the water ice is. We're going to be able to characterize the water ice, and ultimately drill and find out just how is the water ice embedded in the regolith on the Moon."

The IAC also held a ceremony honoring humanity's first lunar explorers — the Apollo 11 crew — with the 2019 World Space Award. Buzz Aldrin, Neil Armstrong's son Mark, and Michael Collins's grandson Luke accepted the award.

Mission Control in Houston reports the new battery charge/discharge unit installed during the historic Oct. 18 spacewalk by Christina Koch and Jessica Meir is activated and operating properly.

The faulty unit is due to return to Earth on the next SpaceX Dragon resupply ship for inspection, and station managers will reschedule the remaining three battery replacement spacewalks at a future date. In the meantime, the International Space Station crew will prepare for five planned spacewalks to repair a cosmic particle detector, the Alpha Magnetic Spectrometer, in November and December.

Volatiles Investigating Polar Exploration Rover 揮発性物調査極地探査ローバー［月の南極付近で水資源調査を行う探査車］

inform 情報を反映させる

embed 埋め込む
regolith 表層土

Mission Control ミッション管制センター

faulty 不調になった、調子の悪い
SpaceX Dragon Space X ドラゴン［スペース X 社が開発した物資運搬用無人宇宙船］

cosmic particle 宇宙粒子
Alpha Magnetic Spectrometer アルファ磁気分光器［国際宇宙ステーションに搭載されている宇宙線の測定装置］

ブライデンスタイン長官は、NASA が世界中の宇宙機関とパートナーシップを拡大してきたことを強調するとともに、ヴァイパー（揮発性物調査極地探査ローバー）として知られる新型月面走行ロボットを紹介しました。

ヴァイパーは氷状の水の採取と約 100 日分のデータを収集を行い、その情報は月では初めてのものとなる包括的な水資源地図に反映されます。

「ヴァイパーは月の南極を走行することになっており、氷状の水がどこにあるのか見極めます。私たちはその氷状の水の性質を明らかにし、最終的には掘削して月の表層土に氷状の水がどのように埋まっているのかを調べることができるでしょう」

IAC はまた、人類初の月探査者となったアポロ 11 号の乗組員を称える式典を開き、2019 年世界宇宙賞が授与されました。バズ・オルドリン、ニール・アームストロングのご子息のマーク、そしてマイケル・コリンズのお孫さんのルークがこの賞を受け取りました。

ヒューストンのミッション管制センターは、10 月 18 日のクリスティーナ・コックとジェシカ・メイアによる歴史的な船外活動で設置された新しいバッテリー充電・放電ユニットが動作しており、問題なく稼働していることを報告しています。

不調になったユニットは調査のために次のスペース X 社のドラゴン補給船で地球に持ち帰る予定で、宇宙ステーションの責任者はあと 3 回残っているバッテリー交換のための船外活動を後の日に延期することにしています。その間に、国際宇宙ステーションの乗組員は、宇宙空間の素粒子検出器であるアルファ磁気分光計を修理するために 11 月と 12 月に予定されている 5 回の船外活動の準備をすることになります。

The sunshield for NASA's James Webb Space Telescope has passed a critical test in preparation for its 2021 launch. Technicians and engineers fully deployed each of the sunshield's five layers, successfully putting the sunshield into the same position it will be a million miles from Earth.

Webb will observe distant parts of the universe humans have never seen before. Because it's optimized for infrared light, Webb's optics and sensors must remain extremely cold, and its sunshield is key for regulating temperature.

The NASA International Space Apps Challenge was held Oct. 18-20. This global 48-hour hackathon brought together participants of all ages and backgrounds at more than 200 events in more than 80 countries to solve real-world problems with collaborative solutions.

The teams work with NASA's open source data and products and design innovative solutions to scientific challenges faced on Earth and in space.

That's what's up this week at NASA ... For more on these and other stories follow us on the web at nasa.gov/twan.

sunshield　遮光板
**James Webb Space
Telescope**　ジェームズ・ウェッ
ブ宇宙望遠鏡
deploy　展開させる

optimize　最適化する
infrared light　赤外線
optics　光学（機器）
**NASA International Space
Apps Challenge**　NASA 国際
スペース・アップス・チャレンジ
［NASA が提供する宇宙に関するデ
ータを使ってアプリの開発を競い合
う国際イベント］
hackathon　ハッカソン［プログ
ラマーが集まって集中的にプログラ
ムを開発するイベント］

open source　オープンソースの、
一般利用のために公開された

NASA のジェームズ・ウェッブ宇宙望遠鏡用の遮光
板が、2021 年の打ち上げに備えて重要な検査を通
過しました。技術者とエンジニアは、遮光板の 5 つ
の層をそれぞれ完全に展開させ、地球から 100 万マ
イル離れた地点で使うのと同じ形に遮光板を設定す
ることに成功しました。

ウェッブ望遠鏡は人類がこれまで目にしたことのな
い宇宙の遠い部分を観察することになります。ウェ
ッブ望遠鏡は赤外線（の観測）に最適化されている
ため、その光学機器やセンサーは極低温に保つ必要
があり、遮光板が温度調節の鍵となります。

NASA が主催する「国際スペース・アップス・チャ
レンジ」が 10 月 18 日から 20 日まで行われました。
この国際的な 48 時間に及んだハッカソンには、共
同作業によって現実世界の問題を解決するために、
世界 80 カ国以上の 200 を超えるイベント会場にお
いて幅広い年齢層と経歴の参加者が集まりました。

参加チームは NASA が公開しているデータや製品
を活用し、地球や宇宙で直面する科学的な課題に対
する斬新な解決策を考案します。

以上が、「今週の NASA」の最新ニュースです。こ
れらのトピックやそのほかのトピックの詳細につい
ては、nasa.gov/twan のサイトをご覧ください。

**Part
4**

宇宙を巡る国際関係

Outer Space Treaty at 50

宇宙条約 50 周年

　1967 年、宇宙条約が国際連合で締結されました。この条約は宇宙開発における占有の禁止や探査・利用の自由、平和利用などを定めた重要な条約です。この記事では国際宇宙ステーションに勤める宇宙飛行士が、条約締結 50 周年を祝います。

🔊 28

Greetings from the International Space Station. I'm Station Commander Randy Bresnik of NASA along with my crewmates Joe Acaba and Mark Vande Hei. Welcome aboard humanity's orbiting laboratory.

This magnificent space station has been home for international cooperation and groundbreaking research for 17 years now as our international crews build a stronger future for all of us as we represent everyone on the planet.

Space exploration brings us together in a very unique way and the station is a model of how nations can work together in peace for the greater good.

Not only are we learning about the cosmos, we are conducting scientific studies that will benefit all of us on planet Earth. From space, national borders blend into continents and oceans making it much easier to see how everyone shares this fragile beautiful oasis no matter our nationality.

So we salute the United Nations on this 50th anniversary of the Outer Space Treaty and we look forward to the future we are creating through space exploration. We are so proud of what the International Space Station stands for.

https://www.youtube.com/
watch?v=WKkRvg4Kl2E

Outer Space Treaty　宇宙条約
crewmate　乗員仲間
Welcome aboard ...　〜へようこそ。船や航空機などの乗客を迎えるあいさつから
humanity　人類、人間性
orbiting laboratory　軌道周回している実験室。国際宇宙ステーションを指す
be home for ...　〜の本拠・拠点である
groundbreaking　先駆的な、革新的な
for the greater good　より大きな利益、望ましい事のために
cosmos　（秩序ある一体としての）宇宙
conduct　〜を遂行する
benefit　〜の役に立つ、〜のためになる
national border　国境
continent　大陸
ocean　海、大洋
fragile　壊れやすい、もろい
salute　〜にあいさつする・敬礼する
stand for ...　〜を表す・象徴する

国際宇宙ステーションからごあいさついたします。私は国際宇宙ステーションの司令官、NASA のランディ・ブレスニックです。横にいるのは、クルーのジョー・アカバ、そしてマーク・ヴァンデハイです。人類による周回軌道上の実験室にようこそ。

この素晴らしい宇宙ステーションはここまで 17 年の間、国際協力と先駆的な研究の拠点であり続け、そこに滞在する私たち国際クルーは、地球上のすべての人を代表して、よりしっかりとした未来を築いています。

宇宙探査は私たちを全く独自の方法でまとめ上げ、宇宙ステーションは、各国が人類の利益に向けて平和的に協力するにはどうすべきかのお手本になっています。

私たちは宇宙について学んでいるだけでなく、地球上のすべての人のためになる科学的な研究を行っています。宇宙空間から見ると、国境は大陸と海に溶け込んでいて、みながこの壊れやすくも美しいオアシスを共有しているのだということがとてもよくわかります。国籍は関係ありません。

そういうわけで私たちは、宇宙条約 50 周年に際して国連に敬意を表し、私たちが宇宙探査を通じて創り出す未来に期待します。私たちは、国際宇宙ステーションが象徴するものをとても誇りに思います。

Topic 13

安全保障における宇宙

Space in National Security

　宇宙条約には、安全保障面での問題もいくつか挙げられます。例えば宇宙空間における通常兵器や軍事活動の規制が不十分である点です。宇宙条約第4条で規定される平和利用原則では、月などの天体に関しては「**もっぱら平和目的のために（exclusively for peaceful purposes）**」利用する、つまり一切の軍事的利用が禁止されています。ただし、宇宙空間については、大量破壊兵器を地球軌道に配置しない、運ぶ手段を用意しないこととしか規制がなく、たとえば人工衛星を使い宇宙空間から地球を監視・偵察することは宇宙条約の違反にはなりません。必ずしも宇宙空間が平和利用「のみ」に使われる場だという制限がされているわけではないのです。

　人工衛星の利用で、地上では実現が難しい超長距離の通信を安定して行うことができます。また、宇宙空間からであればリスクもなく国際問題にもならずに、地球上のあらゆる地域の画像・電波・測位を取得することもできます。人工衛星は軍事活動における情報統合のあり方、C4ISR（**指揮 [Command]** / **統制 [Control]** / **通信 [Communication]** / **コンピューター [Computer]** / Intelligence [諜報] / Surveillance [監視] / Reconnaissance [偵察]）機能を格段に強化する、重要な役割を担っています。現代では、宇宙システムの利用なしには**安全保障（security）**は成り立たないと言えるでしょう。

　湾岸戦争でアメリカ軍は衛星情報やGPSをはじめとした宇宙システムを用いて華々しい戦果をあげ「最初の宇宙戦争」と言われました。2022年から続くロシア・ウクライナ戦争でも宇宙空間は戦争を左右する領域であり、ウクライナのDX担当大臣が民間各社に対して衛星データの提供・分析支援や衛星インターネットサービス「Starlink」の提供を求めたことは記憶に新しいでしょう。また、複数の第三者から世界中に対して戦地のリアルタイムかつ信頼性の高い情報が提供されており、**プロパガンダ（propaganda）**対策にも寄与しています。

日本は**憲法第９条（Article 9）**で戦争放棄、戦力不保持、交戦権の否認を定めていますが、2008年に発効した「宇宙基本法」では宇宙開発利用を「国際社会の平和及び安全の確保並びに我が国の安全保障に資する」ものとして位置づけました。北朝鮮のミサイル発射に関する情報をいち早く捕捉し注意喚起できるのも、情報収集衛星が他国を宇宙空間から監視しているからです。ほかにも日本では開発途上国への援助として、**政府安全保障能力強化支援（OSA：Official Security Assistance）**や**政府開発援助（ODA：Official Development Assistance）**を用いて、宇宙インフラの整備・活用の支援も行っています。これらの活動を通して、外交的な影響力や信頼性を高めるのが狙いです。

　安全保障のためには、宇宙空間での安全と秩序を維持することも重要です。人工衛星は地上におけるさまざまな活動の基盤となりうる重要なインフラですが外的な攻撃には弱く、破壊されてしまった場合の被害は甚大です。さらに破壊された破片は大量のデブリとなり、すべての国の宇宙インフラを脅かすことにもなるでしょう。安定した宇宙利用のためには、各国が秩序をもって活動することが求められています。

2022年現在で、約5400機の人工衛星が宇宙に打ち上げられています。衛星から得られる情報は私たちの生活を豊かにするために使われますが、一方で軍事目的で利用することも可能です。平和な宇宙利用に向けては、まだまだ多くの取り組みが必要とされています。
Image：Margineanu/stock.adobe.com

ピックアップ テーマ を深掘るキーワード

宇宙技術の用途

military use 軍事利用

civilian use 民生利用、民間利用

dual-use 二重用途の、軍民両用の

deterrence 抑止力

地上での安全保障

Intercontinental Ballistic Missile 大陸間弾道ミサイル

information warfare 情報戦

early warning 早期警戒

missile approach warning system ミサイル警報装置

宇宙での安全保障

counterspace capabilities 対宇宙空間能力

military satellite 軍事衛星

reconnaissance satellite 偵察衛星

anti-satellite weapons (ASAT) 衛星攻撃兵器

Japan to Supply Nonlethal Military Aid to 'Like-Minded' Nations in Region

日本、地域の「同志」国に対して非殺傷性の軍事援助を提供へ

軌道を周回する衛星から得られる情報や、衛星を用いたネットワーク技術は、現代の情報戦において非常に重要な役割を持ちます。この記事では、日本がその衛星技術を、自国の安全保障のため周辺国に提供しはじめたことについて触れています。

🔊 29

TAIPEI, TAIWAN — Japan is planning to establish a new framework to provide defense aid to "like-minded" countries, a move analysts say highlights Tokyo's intention to play a more active role in regional security amid the growth of Chinese influence.

Tokyo's move to establish an Overseas Security Assistance (OSA) program is Japan's first departure from its own restrictions that banned the government from using international aid for military purposes.

The OSA will provide nonlethal material and equipment, as well as assistance for infrastructure development, based on the security needs of the countries receiving the aid.

Japan to Supply Nonlethal Military Aid to
'Like-Minded' Nations in Region

https://www.voanews.com/
a/japan-to-supply-nonlethal-
military-aid-to-like-minded-
nations-in-region/7048397.html

nonlethal 非致死的な、非致命
的な
like-minded 同じ考えを持っ
た、気の合う
establish framework 枠組
みを確立する

security 安全保障、治安

**Overseas Security
Assistance (OSA)** 海外安全保
障援助（政府安全保障能力強化支援
[Official Security Assistance] を
指すと思われる）
ban 禁止する
international aid 国際援助
military 軍事的な、軍事目的の
equipment 装置、設備
infrastructure インフラ、基礎
構造

台湾、台北──日本は、「同志」の国々に防衛援助
を提供するための新しい枠組みを設けることを計画
しています。この動きについて、中国の影響力増大
を背景に、地域の安全保障においてより積極的な役
割を果たすという東京（政府）の意図を示すものだ
とアナリストは述べています。

海外安全保障援助（OSA）プログラムを設立する東
京の動きは、国際援助を軍事目的に使用することを
禁じた独自の制限から、日本政府が初めて逸脱する
ものです。

OSA は、援助を受ける国の安全保障上の必要性に
基づいて、非殺傷性の物資や装備、さらにはインフ
ラ整備のための援助を提供するものです。

Part
4

宇宙を巡る国際関係

The new program is to "enhance the security and deterrence capabilities of like-minded countries in order to prevent unilateral attempts to change the status quo by force, ensure the peace and stability of the Indo-Pacific region in particular, and create a security environment desirable for Japan," said an April 5 statement by Ministry of Foreign Affairs of Japan.

Japan seeks bigger role, say observers

For decades, Japan's Overseas Development Assistance (ODA) program has funded roads, dams and other civilian infrastructure projects, Chief Cabinet Secretary Hirokazu Matsuno said at a news conference on April 5. The new program will operate as a new entity.

Lu Hsin-Chi, director of the Center for Japan and Korea Studies at National Chung Hsing University in Taiwan, believes the new initiative shows the Japanese government intends to play a bigger role in securing regional security and strengthening the U.S.-Japan alliance.

"China and Russia are the major concerns of the U.S. Indo-Pacific strategy. As an American ally, Japan is taking that into consideration when formulating its own defense policies," he told VOA Mandarin via Line video on April 9. "The regional influence of China and Russia will determine the importance of Japan's role in the U.S.-Japan alliance. The bigger their influence, the more important Japan will be."

deterrence　阻止、抑止

unilateral　一方的な、片側だけの

status quo　現状

Indo-Pacific region　インド太平洋地域

Ministry of Foreign Affairs of Japan　日本の外務省

Overseas Development Assistance (ODA)　政府開発援助

fund　資金を提供する

civilian　民間の、一般の

Chief Cabinet Secretary　内閣官房長官

believe　～と信じる、～と考える

play a role...　～における役割を果たす

alliance　同盟

concerns　心配、懸念

ally　同盟国、連合国

formulate　考案する、策定する

この新しいプログラムは、「力による一方的な現状変更の試みを阻止し、特にインド太平洋地域の平和と安定を確保し、日本にとって望ましい安全保障環境を構築するために、同志国の安全保障能力と抑止力を高める」ことを目的としていると、日本の外務省が 4 月 5 日に発表したものです。

日本はより大きな役割を求めていると、オブザーバーは述べる

松野博一官房長官は 5 日の記者会見で、日本の海外開発援助（ODA）プログラムは数十年にもわたり、道路、ダム、その他の民間インフラプロジェクトに資金を提供してきたと述べました。新プログラムは、新たな事業体として運営される予定です。

台湾の国立中興大学にある日本・韓国研究センターの盧信吉センター長は、この新たな取り組みが、地域の安全保障と日米同盟の強化により大きな役割を果たそうとする日本政府の意志を示していると考えています。

「中国とロシアは、アメリカのインド太平洋戦略における主要な懸念事項です。アメリカの同盟国として、日本はそれを考慮に入れて防衛政策を策定しています」と、4 月 9 日に LINE 動画を通じて盧氏は中国語版 VOA に語りました。「中国とロシアの地域的影響力は、日米同盟における日本の役割の重要性の決め手となります。彼らの影響力が大きければ大きいほど、より日本の重要性が増すでしょう」

A breakthrough

Wang Yen-Lin, an assistant research fellow at the Institute for National Defense and Security Research in Taiwan, said that for decades, Japan's foreign aid was aimed at creating an economic environment favorable to Japan.

"The new OSA framework signals a shift to put more emphasis on creating security rules and maintain regional stability. This is the biggest breakthrough in Japan's defense policies," Wang told VOA Mandarin via Line video on April 9.

Article 9 of Japan's post-World War II constitution says the island nation will "forever renounce war as a sovereign right of the nation and the threat or use of force as means of settling international disputes."

Written during the American occupation of its defeated enemy, an ally of Hitler's Germany, Article 9 has been the basis of Japanese defense policy since.

The new OSA guidelines say any military assistance will be provided only in fields not directly related to any international conflict and within the framework of Japan's Three Principles on Transfer of Defense Equipment and Technology.

These effectively forbid Japan from exporting defense equipment to countries involved in conflict.

ブレイクスルー

research fellow　研究員

台湾の国防安全保障研究所に所属する王彦麟研究員
は、日本の対外援助は数十年にわたり、日本に有利
な経済環境を作ることを目的としていた、と述べま
した。

aim　目指す、意図する
favorable　好ましい、好都合な

signal　～を示す、～を示唆する

「新しい OSA の枠組みは、安全保障上のルールを作
り、地域の安定を維持することに重点を置きはじめ
たことを示唆している。これは日本の防衛政策にお
ける最大のブレークスルーです」王氏は４月９日、
LINE ビデオを通じて、中国語版 VOA にそう語りま
した。

Article 9　（日本国憲法の）第９条
renounce　放棄する、断念する
settle　調停する、解決する

第二次世界大戦後の日本国憲法第９条は、「国の主
権としての戦争と、国際紛争を解決する手段として
の武力による威嚇または武力の行使を永久に放棄す
る」と定めています。

ヒトラー率いるドイツの同盟国として敗戦国とな
り、アメリカの占領下で書かれた第９条は、それ以
来日本の防衛政策の基本となっています。

OSA の新しいガイドラインでは、軍事援助は国際
紛争に直接関係のない分野で、日本の「防衛装備移
転三原則」の枠内でしか提供されないとされていま
す。

conflict　紛争、争い
Three Principles on Transfer
of Defense Equipment and
Technology　防衛装備移転三原則
effectively　事実上、実質的に

この三原則は、日本が紛争に巻き込まれた国に防衛
設備を輸出することを事実上禁じています。

Recipients will get radar, satellite

During his press conference last week, Hirokazu told reporters the first recipients are likely to include the Philippines, Malaysia, Bangladesh or Fiji. Japan plans to provide these countries with radar and satellite communication systems to monitor territorial waters and airspace, according to Reuters.

According to The Yomiuri Shimbun, Japan is considering providing radar to the Philippines to help it monitor Chinese activity in the South China Sea.

Lu, from Chung Hsing University, told VOA Mandarin that China might react by "conducting military exercises or offering even larger amounts of aid to other countries."

He pointed out that China will be focusing on countries in Southeast Asia and East Asia first, and then the Pacific Island countries, in an effort to increase its influence in the region.

China has been quiet since Japan announced the plan to establish the new OSA program.

"The only area China could criticize Japan is the issue around the South China Sea. Beijing could argue that the new OSA framework might make the sovereignty disputes more confusing," Wang, of the Institute for National Defense, told VOA Mandarin.

"Yet if this is the argument, it means that Beijing acknowledges there's sovereignty disputes in the South China Sea, which contradicts its official narrative that China has territorial sovereignty and maritime rights and interests in the South China Sea."

The Chinese Embassy in Japan did not immediately respond to VOA's request for comment.

recipient　受益者、受領者
radar　レーダー

satellite communication
systems　衛星通信システム
monitor　監視する
territorial waters and
airspace　領海と領空

military exercise　軍事演習

South China Sea　南シナ海
sovereignty disputes　主権紛
争、領土紛争

acknowledge　認める、認識する
contradict　〜と矛盾する
territorial sovereignty　領土
主権
maritime rights and interests
海洋に関する権利と権益
Chinese Embassy in Japan
在日中国大使館

レーダーや衛星の受取国

先週の記者会見で松野博一官房長官は、最初の受領国はフィリピン、マレーシア、バングラデシュ、フィジーになりそうだと記者に伝えました。ロイター通信によれば、日本はこれらの国々に領海や領空を監視するレーダーと衛星通信システムを提供する予定です。

読売新聞によると、中国の南シナ海での活動を監視する手助けのために、日本はフィリピンにレーダーの提供を検討しているとのことです。

中興大学の盧氏は中国語版 VOA の取材に対し、中国は「軍事演習を行ったり、他国に対してさらに多額の援助を提供したりする」ことで反応するかもしれないと語りました。

彼は、中国がこの地域での影響力を高めるために、まず東南アジアと東アジアの国々、そして次に太平洋諸島の国々に焦点を当てるだろうと指摘した。

日本が新たな OSA プログラムを設立する計画を発表して以来、中国は沈黙を保っています。

「中国が日本を批判できる唯一の分野は、南シナ海を巡る問題です。北京は、新しい OSA の枠組みが主権論争をより混乱させる可能性があると主張することができます」と、国防研究所の王氏は中国語版VOA に語りました。

「しかし、もしそう主張するならば、北京は南シナ海に主権争いがあることを認めることになり、中国が南シナ海の領土主権と海洋権益を有するという公式見解と矛盾してしまいます」

日本の中国大使館は、VOA のコメント要請に対してすぐには返答しませんでした。

China Protests US Sanctioning of Firms Dealing with Russia

ロシアと取引する企業へのアメリカによる制裁に、中国が抗議

衛星から撮影した地上の画像は、軍事戦略に関わる重要な情報源となります。この記事ではアメリカが中国企業に対して行った経済制裁の詳細が述べられていますが、その理由にロシアへ衛星画像を提供したことなどが挙げられています。

🔊 30

BEIJING — Beijing Saturday protested U.S. sanctions against additional Chinese companies over their alleged attempts to evade U.S. export controls on Russia, calling it an illegal move that endangers global supply chains.

The U.S. Commerce Department on Wednesday put five firms based in mainland China and Hong Kong on its "entity list," barring them from trading with any U.S. firms without gaining a nearly unobtainable special license.

Washington has been tightening enforcement of sanctions against foreign firms it sees as aiding Russia in its war against Ukraine, forcing them to choose between trading with Moscow or with the U.S. A total of 28 entities from countries ranging from Malta to Turkey to Singapore were added to the list.

A statement from China's Commerce Ministry said the U.S. action "has no basis in international law and is not authorized by the United Nations Security Council."

https://www.voanews.com/a/china-protests-us-sanctioning-of-firms-dealing-with-russia-/7052091.html

sanction 制裁（を加える）	北京より——北京は土曜日、ロシアへの輸出規制回避の疑いがあるとして、アメリカが経済制裁を更なる中国企業に対して行ったことに抗議し、それは世界のサプライチェーンを危険にさらす違法な行為だと主張しました。
allege 主張された、〜とされる	
evade 〜を避ける、〜を免れる	
export controls 輸出管理	
endanger 〜を危険にさらす	

firm 会社、企業
entity list エンティティリスト
（アメリカ商務省が定める貿易制限リスト）
unobtainable 取得不可能な

アメリカ商務省は水曜日、中国本土と香港に拠点を置く5社を「エンティティリスト」に掲載し、アメリカ企業とほぼ入手不可能な特別ライセンスなしでの取引を禁じました。

tighten 締め付ける、引き締める
enforcement 執行、実施
aid 援助する、支援する

ワシントンは、ウクライナ戦争でロシアを支援しているとみなされる外国企業に対する制裁を強化しており、企業にモスクワとの取引か米国との取引かの選択を迫っています。マルタやトルコ、シンガポールなどの国々から合計28の企業が（エンティティ）リストに追加されました。

entity 法人

中国商務省は声明の中で、アメリカの行動は「国際法に基づいておらず、国連安全保障理事会の承認も得ていない」と述べました。

international law 国際法

**United Nations Security
Council** 国際連合安全保障理事会

"It is a typical unilateral sanction and a form of 'long-arm jurisdiction' which seriously damages the legitimate rights and interests of enterprises and affects the security and stability of the global supply chain. China firmly opposes this," the statement said.

"The U.S. should immediately correct its wrongdoing and stop its unreasonable suppression of Chinese companies. China will resolutely safeguard the legitimate rights and interests of Chinese companies," it added.

The latest sanctions were leveled against Allparts Trading Co., Ltd.; Avtex Semiconductor Limited; ETC Electronics Ltd.; Maxtronic International Co., Ltd.; and STK Electronics Co., Ltd., registered in Hong Kong.

The list identifies entities — essentially businesses — that the U.S. suspects "have been involved, are involved, or pose a significant risk of being or becoming involved in activities contrary to the national security or foreign policy interests of the United States," the department said.

Entities named were designated as "military end users" for "attempting to evade export controls and acquiring or attempting to acquire U.S.-origin items in support of Russia's military and/or defense industrial base," it said.

long-arm jurisdiction ロングア
ーム管轄権。アメリカの法律を他国の
人物や法人に適用できるとする制度
**legitimate rights and
interests** 正当な権利と利益

wrongdoing 不正行為
unreasonable suppression
不合理な抑圧
resolutely safeguard 断固と
して保護する

level 狙いをつける

identify 見分ける、識別する
essentially 基本的に、原則的に
business 企業、事業体
pose ～を引き起こす

military end users 軍事エン
ドユーザー
U.S.-origin アメリカ由来の、ア
メリカ製の
in support of ～を支持して

「これは典型的な一方的制裁であり、企業の正当な
権利と利益を著しく損ない、世界のサプライチェー
ンの安全と安定に影響を及ぼす『ロングアーム管轄
権』の一形態である。中国はこれに断固反対する」
と声明では述べられました。

「アメリカは直ちに不正行為を正し、中国企業に対
する不当な弾圧を止めるべきである。中国は中国企
業の正当な権利と利益を断固として保護する」とも
述べています。

最新の制裁は、香港に登記されている Allparts
Trading 社、Avtex Semiconductor 社、ETC
Electronics 社、Maxtronic International 社、およ
び STK Electronics 社に対して行われました。

リストは、アメリカが「米国の国家安全保障または
外交政策の利益に反する活動に関与してきたか、関
与しているか、または関与する重大な危険性がある」
と疑っている事業体（基本的には企業）を特定する
ものであるとアメリカ商務省は述べています。

またリストに名前が記載された事業者は、「輸出規
制を回避しようとし、ロシアの軍事および／または
防衛産業基盤を支援するためにアメリカ由来の品目
を取得しているか、取得しようとしている」として、
「軍事エンドユーザー」に指定されていると述べま
した。

The Chinese protest was like one issued in February after the U.S. announced sanctions against the Chinese company Changsha Tianyi Space Science and Technology Research Institute Co. Ltd., also known as Spacety China.

The department said the company supplied Russia's Wagner Group private army affiliates with satellite imagery of Ukraine that support Wagner's military operations there. A Luxembourg-based subsidiary of Spacety China was also targeted.

At that time, China's Foreign Ministry accused the U.S. of "outright bullying and double standards" for sanctioning its companies while intensifying efforts to provide Ukraine with defensive weapons.

China has maintained it is neutral in the conflict, while backing Russia politically, rhetorically and economically at a time when Western nations have imposed punishing sanctions and sought to isolate Moscow for the invasion of its neighbor.

China has refused to criticize Russia's actions, blasted Western economic sanctions on Moscow, maintained trade ties and affirmed a "no limits" relationship between the countries just weeks before last year's invasion.

Chinese President Xi Jinping visited Moscow last month and China announced Friday that Defense Minister General Li Shangfu would visit Russia this coming week for meetings with counterpart Sergei Shoigu and other military officials.

protest 抗議、反論
issue 公開する、発表する

今回の中国の抗議は、2月にアメリカが中国の長沙天儀空間科技研究院有限公司（通称 Spacety China）に対する制裁を発表した際に出されたものと同様です。

supply A with B AにBを提供する、供給する
affiliate 関係会社
satellite imagery 衛星画像
military operations 軍事行動
subsidiary 子会社

アメリカ商務省によれば、同社はロシアのワグネル・グループの民兵組織に、ワグネルによるウクライナでの軍事活動を支援する衛星画像を提供していました。Spacety China の、ルクセンブルクにある子会社も対象とされました。

outright 完全に、全くの

当時中国外務省は、ウクライナへの防衛兵器提供を強化する一方で中国企業に制裁を加えているとして、「公然としたいじめと二重基準」だとアメリカを非難しました。

defensive weapons 防衛兵器

maintain 主張する
neutral in the conflict 紛争に中立的
rhetorically 言葉上
seek to ... 〜しようと努める

欧米諸国が隣国への侵略を理由にモスクワへ懲罰的な制裁を課して孤立させようとする中、中国はこの紛争に対して中立を主張している一方で、政治や言論、経済の面ではロシアを支援しています。

blast 激しく非難する
trade ties 貿易関係
affirm 支持する、肯定する

中国はロシアの行動を非難することを拒否しており、またモスクワに対する西側の経済制裁を非難し、モスクワとの貿易関係を維持しており、そして昨年の侵略の数週間前には両国間の「無制限」の関係も確認していました。

Xi Jinping 習近平国家主席

先月には中国の習近平国家主席がモスクワを訪問し、また金曜日にも中国は、李尚福国防相が次の週にはロシアを訪問し、相手方のセルゲイ・ショイグや他の軍関係者と会談すると発表しました。

counterpart 相手方、同等の立場の人

Part
4

宇宙を巡る国際関係

However, Foreign Minister Qin Gang said Friday, China won't sell weapons to either side in the war, responding to Western concerns that Beijing could provide outright military assistance to Russia.

"Regarding the export of military items, China adopts a prudent and responsible attitude," Qin said at a news conference alongside visiting German counterpart Annalena Baerbock. "China will not provide weapons to relevant parties of the conflict, and manage and control the exports of dual-use items in accordance with laws and regulations."

either　どちらの〜

adopt　選ぶ、採用する
alongside　〜と並んで

dual-use　民間および軍事用途の
両方に活用できる、軍民両用の

しかし秦剛外相は金曜日、中国は戦争のどちらの側にも武器を売らないと述べ、北京がロシアにあからさまな軍事援助をする可能性があるのではないかという西側の懸念に応えました。

「軍事品目の輸出に関して、中国は慎重かつ責任ある態度をとっています」と、秦氏は中国を訪問中のドイツ外相アナレーナ・ベアボック氏との共同記者会見で述べました。「中国は、紛争の関連当事者に武器を提供せず、法律と規則に従ってデュアルユース品の輸出を管理・統制します」

Topic 14

宇宙に関係する国際組織

解説：株式会社アクセルスペース

International Space-Related Organizations

1958年7月に、**アメリカ航空宇宙局**（National Aeronautics and Space Administration、NASA）が設立されて以降、**欧州宇宙機関**（European Space Agency、ESA）やロシアの**ロスコスモス**（Roscosmos State Corporation for Space Activities）、日本の**宇宙航空研究開発機構**（Japan Aerospace Exploration Agency、JAXA）や**フランス国立宇宙研究センター**（Centre National d'Etudes Spatiales、CNES）など各国に宇宙機関が設立されました。以降、各国独自の宇宙開発だけでなく、国家間で連携しての宇宙開発に取り組んできました。また、同じく1958年の12月には、国連の宇宙に関する政策を担当する機関として**国連宇宙部**（United Nations Office for Outer Space Affairs、UNOOSA）がオーストリアのウィーンに設立されました。国連宇宙部は、宇宙空間の平和利用での国際協力を推進しています。

宇宙に関する国際的な取り組みの1つとして、2020年10月に**国際宇宙会議**（International Astronautical Congress、IAC）の場で、日本・アメリカ・カナダ・イギリス・イタリア・オーストラリア・ルクセンブルク・アラブ首長国連邦の8カ国の代表により、**アルテミス合意**（Artemis Accords）が署名されました。アルテミス合意は、米国が2024年の打ち上げを目指して進める有人月面探査の「**アルテミス計画**（Artemis Program）」を念頭に置き提唱されたものです。

2019年5月に発表されたアルテミス計画は、主にNASAと、NASAが契約している米国の民間宇宙飛行会社、そして欧州宇宙機関、日本のJAXA、**カナダ宇宙庁**（Canadian Space Agency、CSA）、**オーストラリア宇宙庁**（Australian Space Agency、ASA）などの国際的パートナーによって実施予定の有人宇宙飛行（月面着陸）計画です。計画自体はNASAが主導していますが、月面での持続的な駐留の確立や、民間企業が月面経済を構築するための基盤を築き、有人火星探査という長期的目標に向けて、国際的なパートナーシップが重要な役割を果たすことが期待されています。

アルテミス合意では透明性の高い宇宙開発環境を整備することを目的として、月や火星などの宇宙探査や宇宙利用に関していくつもの原則を定めています。内容としては1967年発効の宇宙条約を踏まえ、宇宙の平和利用やスペースデブリの削減、人類の着陸地といった宇宙活動の歴史的遺産の保護、国家間の干渉防止などを求めるものとなっています。2020年11月にはウクライナが署名、2021年5月に韓国、2021年6月にニュージーランドとブラジル、2022年5月にコロンビア、2022年6月にフランスがそれぞれ署名を行いました。2023年6月現在の協定国は25カ国です。

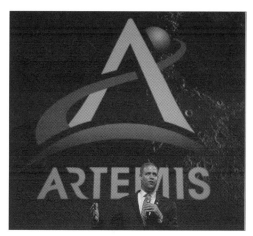

地球から月へ、そして月から火星を目指すアルテミス計画は、その目標の大きさゆえに各国機関・企業の協力・連携が必要とされています。アルテミス合意は、その協力体制を成立させるための基盤となる合意です。
Photo: NASA/Bill Ingalls

Part
4

宇宙を巡る国際関係

 ピックアップ テーマ を深掘るキーワード

宇宙活動に関する国際機関

United Nations Committee on the Peaceful Uses of Outer Space (COPUOS) 国連宇宙空間平和利用委員会（1959年設立。宇宙平和利用の手段や法律問題解決の検討を行なっている）

United Nations Office for Outer Space Affairs (UNOOSA) 国連宇宙部（1958年にCOPUOSの事務局として設置された。衛星の防災利用の仲立ちや、宇宙物体の登録管理などを担っている）

space agency 宇宙機関（宇宙開発に携わる機関全般を指す）

宇宙開発に向けた国際協力

International Astronautical Congress (IAC) 国際宇宙会議（宇宙開発の計画や学術研究の成果などが発表される、世界最大の宇宙関連会議）

Asia-Pacific Regional Space Agency Forum (APRSAF) アジア・太平洋地域宇宙機関会議（アジア太平洋地域の宇宙利用促進を目的とした地域会議）

transparency 透明性

private sector 民間部門

multilateral efforts 多国間での努力

interoperability 相互運用性

Positioning the Agency for Future Success on This Week

今週の NASA：将来の成功に向けた組織構成

NASA は宇宙開発において、多くの面で主導的な役割を果たしている組織です。宇宙開発のさまざまな任務を遂行するために組織内にはいくつもの部門がありますが、この記事では NASA の内部で行われた部門再編成について紹介しています。

🔊 31

Positioning the agency for future success. A lunar landing site selected for a robotic explorer. And highlighting diversity on the Moon… a few of the stories to tell you about — This Week at NASA!

On Sept. 21, NASA Administrator Bill Nelson and other senior officials hosted an agency town hall from our Mary W. Jackson NASA Headquarters building in Washington to announce that:

"Going forward, we will reorganize the agency's human spaceflight programs into two separate mission directorates."

Kathy Lueders will serve as associate administrator of the new Space Operations Mission Directorate, which will focus on launch and space operations in low-Earth orbit, including commercialization, the International Space Station, and eventually, operations on and around the Moon. Meanwhile, Jim Free returns to the agency to serve as associate administrator of the new Exploration Systems Development Mission Directorate.

https://www.youtube.com/
watch?v=lZtP1vGafsM

positioning 位置決め、所在地。ここでは組織内における位置＝配置決めを指す
diversity 多様性、さまざまなもの

town hall （組織のリーダーが市民や関係者と対話する）集会

going forward いずれは、将来は
directorate 総局

associate administrator 副長官
Space Operations Mission Directorate 宇宙運用ミッション局
low-Earth orbit 地球低軌道

Exploration Systems Development Mission Directorate 探査システム開発ミッション局

将来の成功に向けた NASA の組織構成。探査ロボットのために選ばれた月面着陸地点。そして月面着陸ミッションにおける多様性……みなさんにお伝えしたいいくつかのトピック。「今週の NASA」をお届けします！

9 月 21 日、NASA のビル・ネルソン長官をはじめとする幹部職員は、ワシントンにあるメアリー・W・ジャクソン NASA 本部ビルにおいて機関の報告会を開き、以下の発表を行いました。

「今後、われわれは NASA の有人宇宙飛行プログラムを 2 つの異なるミッション管理局に再編する予定です」。

キャシー・リーダース氏は、新設される宇宙運用ミッション局の副局長を務めることになりますが、この部門はロケットの打ち上げと地球低軌道での宇宙に関連する活動に重点的に取り組み、それには商用化、国際宇宙ステーション、そして最終的には月面とその周囲での活動が含まれます。その一方で、ジム・フリー氏が NASA に復帰し、新設の探査システム開発ミッション局の副局長を務めます。

"Exploration Systems Development will focus on what comes next. Both mission directorates are engineering the future of our Moon to Mars exploration approach from different ends of the spaceflight continuum."

Creating these two separate mission directorates … is about the future of space exploration.

"It's about setting up NASA for success."

NASA will implement these new mission directorates over the next several months, while remaining focused on the safety of ongoing operations for commercial crew and upcoming Artemis missions.

We have selected the region just outside the western edge of Nobile Crater at the Moon's South Pole as the landing site for our Volatiles Investigating Polar Exploration Rover, or VIPER, mission. The robotic rover will be delivered to the Moon in 2023 through our Commercial Lunar Payload Services initiative.

VIPER will map and explore this region for water and other resources. The mission will provide further insight into our Moon's cosmic origin, evolution, and history, and also help inform future Artemis missions to the Moon and beyond.

The International Astronomical Union has accepted the proposal of a summer intern in a NASA-affiliated program to name a crater at the Moon's south pole after arctic explorer Matthew Henson, a Black man who in 1909 was one of the first people to make it to the north pole on Earth.

from different ends of 〜の反対の側から	「探査システム開発局は、これから起こることに焦点を当てることになります。どちらのミッション局も、宇宙飛行という一連の業務の正反対の側から、われわれの『月から火星へ』探査計画の未来を切り開くものです」
continuum 一連のもの、連続(体)	
	これら2つの異なるミッション局の創設は……宇宙探査の未来に関わっています。
	「それは NASA を成功に導くためのものなのです」
implement 実行する、実装する	NASA は、今後数カ月にわたってこれらの新しいミッション管理局を構築しながら、進行中の民間人乗組員によるオペレーションや予定されているアルテミス計画の安全な実施に引き続き取り組みます。
remain 引き続き〜である	
ongoing 進行中の〜	
Nobile Crater ノビレ・クレーター［月の南極にあって氷が存在するとされているクレーター］	私たちは、揮発性物調査極地ローバー（ヴァイパー）ミッションの着陸地点として、月の南極にあるノビレ・クレーターの西端のすぐ外側の地域を選択しました。この月面走行ロボットは、NASA が委託する商業月面輸送サービスによって、2023 年に月に送り届けられる予定です。
Volatiles Investigating Polar Exploration Rover 揮発性物調査極地ローバー（ヴァイパー）	
Commercial Lunar Payload Services 商業月面輸送サービス［NASA が民間企業に観測機器やローバーなどのペイロードの月への輸送を有償で委ねるサービス］	ヴァイパーは、この地域の地図を作成し、水などの資源を探索します。このミッションは、月が宇宙で誕生したときの様子やその進化と歴史についてのさらなる洞察を提供するとともに、月とその先を目指す今後のアルテミス計画のための情報収集に役立つでしょう。
International Astronomical Union 国際天文学連合	国際天文学連合は NASA が提携するプログラムに参加している夏季インターン生からの提案を採用し、月の南極にある1つのクレーターを、1909 年に地球の北極点に最初に到達した人類の1人だった、北極探検家で黒人のマシュー・ヘンソンにちなんで命名しました。
-affiliated 〜に関連する、提携する	

The Moon's south pole is also the region in which NASA will land the next humans on the lunar surface as part of our Artemis program. Artemis will send a diverse group of astronauts to the Moon, including the first woman and the first person of color.

The launch of the joint NASA and U.S. Geological Survey Landsat 9 satellite mission is targeted for Sept. 27 from California's Vandenberg Space Force Base. Data from the satellite will be added to Landsat's nearly 50-year, free and publicly available data record of Earth's landscapes taken from space and will continue the program's critical role in monitoring the health of Earth and helping people manage essential resources.

The Moon to Mars Ice and Prospecting Challenge, near our Langley Research Center in Hampton, Va., provided an opportunity for student teams from U.S. universities to devise revolutionary technologies and methods to drill into and extract water from simulated lunar and Martian subsurface ice stations.

The challenge is part of a NASA effort to enable a sustained human presence on other worlds by potentially making use of the available resources on those worlds.

That's what's up this week at NASA ... For more on these and other stories, follow us on the web at nasa.gov/twan.

pole 極
region 地域、（特定の）領域

Geological Survey Landsat
9 satellite 地球観測衛星ランド
サット9号
Vandenberg Space Force
Base ヴァンデンバーグ宇宙軍基
地。2021年にヴァンデンバーグ空
軍基地から改称された。弾道ミサイ
ルやロケットの発射実験が盛んに行
われていた

The Moon to Mars Ice and
Prospecting Challenge 月
から火星へ：氷の採掘チャレンジ
Langley Research Center
ラングレー研究所［NASAの最古の
研究施設］
drill 掘る、穴を開ける

月の南極はまた、NASAがアルテミス計画の一環
として、次に人類を月面に着陸させる地域でもあり
ます。アルテミス計画は、初の女性や初の有色人種
を含む多様性に富んだ宇宙飛行士を月に送る予定で
す。

NASAと米国地質調査所による地球観測衛星ランド
サット9号の打ち上げが、カリフォルニアのヴァン
デンバーグ宇宙軍基地で9月27日に予定されてい
ます。この衛星からのデータは、ランドサットが過
去50年近くにわたって宇宙から撮影してきた地球
の地形に関する無料の一般公開データに追加され、
地球の健全性を監視して人々が重要な資源を管理す
る手助けをするというその重要な役割を引き続き担
います。

バージニア州ハンプトンにあるラングレー研究所の
近くで開催された「月から火星へ：氷の採掘チャレ
ンジ」は、米国の大学の学生チームに、模擬的に作
られた月や火星の地下にある氷を掘削してそこから
水を取り出す革新的な技術と方法を考案する機会を
提供しました。

このコンテストは、地球外の世界で手に入りそうな
資源を活用することで、そうした世界に人類が長期
間移住することを可能にしようとするNASAの取
り組みの一環です。

以上が「今週のNASA」の最新ニュースでした。こ
れらのトピックや、そのほかのトピックの詳細につ
いては、nasa.gov/twanのサイトをご覧ください。

Part
4

宇宙を巡る国際関係

European Space Agency Calls for Giving Moon its Own Time Zone

欧州宇宙機関（ESA）、「月標準時」となるタイムゾーン設定を提言

NASA 以外にも、いくつもの機関が宇宙開発に携わっています。この記事では「月標準時」と関連して、それを提唱するヨーロッパの欧州宇宙機関についても紹介しています。欧州宇宙機関は、なぜ「月標準時」を提唱したのでしょうか。

🔊 32

European space officials have called for establishing a separate time zone on the moon.

The European Space Agency (ESA) said the idea was discussed at a recent meeting held at the agency's Space Research and Technology Centre in the Netherlands.

ESA said the effort is part of a larger project to create a complete communication and navigation system for the moon. Space officials say such a system will be necessary to support a growing number of planned launches to the moon in coming years.

A series of space operations around the moon will require spacecraft and controllers "to communicate together and fix their positions independently from Earth," ESA said in a statement. Currently, moon operations run on the time of the country that launched the spacecraft. But ESA officials say this will have to change when more countries and private space companies start launching their own moon missions.

**European Space Agency
(ESA)** 欧州宇宙機関
call for 求める、呼びかける
time zone タイムゾーン、時間帯
officials （政府や組織の）当局(者)、
担当者
**the agency's Space Research
and Technology Centre =
European Space Research and
Technology Centre (ESTEC)**
欧州宇宙研究技術センター
the Netherlands オランダ
space officials ここでは「欧州
宇宙機関（ESA）の当局者」
planned launch 打ち上げ計画

spacecraft and controllers
宇宙船と管制官
independently from 〜から
独立して、〜とは別々に

private 民間の

欧州宇宙機関（ESA）は、月に独自のタイムゾーン（時間帯）を設定することを提言しています。

ESA によれば、この件はオランダにある欧州宇宙研究技術センター（ESTEC）における最近の会議で協議されたものです。

ESA は、この取り組みはより大きなプロジェクト——月探査のために「コミュニケーションとナビゲーションの統合システム」を構築する計画——の一環だと述べています。今後、急増するであろう月探査機の打ち上げ計画を支援するには、そのようなシステムが必要になるだろうというのです。

今後、月周辺で行われる一連の宇宙探査活動では、宇宙船や管制官が「直接コミュニケーションを行い、それぞれの宇宙船の位置を地球からの司令なしに調整する」必要が出てくるだろうと ESA は声明の中で述べています。現在、月探査ミッションは宇宙船を打ち上げた国の標準時に基づいて行われています。しかし、より多くの国や民間宇宙企業が独自の月探探査機を打ち上げるようになると、この状況は変えなければならないと ESA の当局者は述べています。

ESA has partnered with the American space agency NASA on several planned lunar projects, or missions. ESA helped build NASA's Orion spacecraft, which is expected to transport American astronauts back to the moon by the mid-2020s. NASA reported it was pleased with Orion's last uncrewed test mission late last year.

ESA has also been involved in planning and development operations for a lunar project called Gateway. Private companies have been asked to develop living spaces, called habitats, for NASA and ESA, as part of the Gateway project.

NASA has described Gateway as a small spaceship that would remain in orbit around the moon. It would be designed as a living space for astronauts and as a laboratory for science activities. Gateway would give the astronauts a base for making trips to the moon, and possibly in the future to Mars.

Pietro Giordano is a navigation system engineer for ESA. He said after the issue was considered at the recent ESA meeting, "a joint international effort is now being launched" to establish a lunar time zone.

ESA says the planned lunar communications and navigation systems will perform much better if they "employ the same timescale, along with the many other crewed and uncrewed missions they will support."

partner with　〜と提携する
planned lunar project　月探
査計画。ここでは「アルテミス計画」
Orion spacecraft　宇宙船「オ
リオン」（NASA がスペースシャト
ルの代替として開発中の有人ミッシ
ョン用の宇宙船）
uncrewed test mission　無人
飛行試験（2022 年 11 月から同年 12
月にかけて行われた、宇宙船オリオン
の飛行試験を指す）
Gateway　ゲートウェイ（多国
間で月周回軌道上に建設することが
提案されている有人の宇宙ステーシ
ョン。NASA、ESA、ロスコスモ
ス、JAXA、CSA が開発を主導し、
2020 年代中の建設を目指している）
habitats = HALO (Habitation
and Logistics Outpost)　ゲ
ートウェイを訪れる宇宙飛行士が滞
在する居住スペース

joint　共同の、合同での
launch　開始する、立ち上げる

timescale　時間の尺度、標準時
crewed　乗務員のいる

ESA はアメリカ航空宇宙局 NASA と提携して、複
数の月面探査計画やミッションに取り組んでいま
す（いわゆるアルテミス計画）。ESA は NASA の宇
宙船「オリオン」の製造を支援しており、オリオン
宇宙船は 2020 年代の半ばまでにアメリカ人宇宙飛
行士を再び月面に送り込むことを目指しています。
NASA は昨年 2022 年後半に行われたオリオン宇宙
船の無人飛行試験の結果は満足すべきものだったと
報告しています。

また、ESA は月周回有人拠点「ゲートウェイ」の企
画・開発にも参加しています。ゲートウェイプロジ
ェクトの一部として、NASA と ESA の宇宙飛行士
のための居住スペース「habitats」の開発はすでに
民間企業に発注済みです。

ゲートウェイは月周回軌道に滞在する小型宇宙船
で、宇宙飛行士たちの居住スペースとして、また科
学実験を行うための研究室として設計されることに
なります。ゲートウェイは宇宙飛行士たちが月探査
に出かけるための、そして恐らく将来的には火星探
査に出かけるための基地となるだろうと NASA は
述べています。

ESA のナビゲーションエンジニアであるピエトロ・
ジョルダノ氏は、月のタイムゾーン制定が最近の
ESA 会議で検討されてから、それを実現するため
の「共同の国際的取り組みが立ち上げられつつある」
と語りました。

ESA は、現在計画されている月周辺コミュニケーシ
ョン・ナビゲーションシステムは、それが「支援す
ることになる他の多くの有人・無人探査機と同じ標
準時を採用」すれば、より効果的な機能を発揮する
ようになるだろうと述べています。

NASA also had to deal with the time question while designing and building the International Space Station (ISS), which is nearing the 25th anniversary of the launch of its first piece.

The ISS does not have its own time zone. Instead, it runs on Coordinated Universal Time, or UTC, which is based on time kept by atomic clocks. This helps ease the time difference between NASA and the Canadian Space Agency, as well as other space partners in Russia, Japan and Europe.

ESA says the international team looking at establishing a lunar time zone is debating whether a single organization should set and keep time on the moon.

There are also technical questions to consider. For example, clocks run faster on the moon than on Earth, gaining about 56 microseconds each day, officials said. The exact difference depends on the position of the clock and whether it is in orbit or on the lunar surface.

One of the most important things to consider is whether separate lunar time will be helpful and effective for the astronauts working there, said ESA official Bernhard Hufenbach.

"This will be quite a challenge," Hufenbach said in a statement. He noted that a day on the moon lasts as long as 29.5 days on Earth. Hufenbach added that after successfully establishing a working time system for the moon, "we can go on to do the same for other planetary destinations."

I'm Bryan Lynn.

**Coordinated Universal
Time (UTC)** 協定世界時（世界
の標準時刻の基準として用いられる
時刻。原子時計によるカウントと地
球の自転に基づく 1 日の長さの観測
を調整して決められる）
atomic clock 原子時計（原子
や分子のスペクトル線の高精度な周
波数標準に基づき最も正確な時間を
刻む時計。高精度のものは 3000 万
年に 1 秒程度、小型化された精度の
低いものは 3000 年に 1 秒程度の誤
差が生じるとされている）
ease 和らげる、緩和する

microseconds マイクロ秒、
100 万分の 1 秒

separate 離れた、独立した

NASA は国際宇宙ステーション（ISS）の設計・建
設中にも、時間の問題に対処しなければなりません
でした。ISS は（1998 年に）最初のモジュールが
打ち上げられてから間もなく 25 周年を迎えようと
しています。

ISS には独自のタイムゾーンはなく、原子時計によ
って決められる協定世界時（UTC）が採用されてい
ます。これによって、NASA やカナダ宇宙庁、そし
てロシア・日本・欧州諸国など他の宇宙開発パート
ナーとの間で生じる時差の問題を緩和しているので
す。

ESA によると、月のタイムゾーン設定を検討してい
る国際チームは単一の組織が月標準時を制定・管理
すべきかどうかを検討しています。

また、解決すべき技術的な問題もあります。たとえ
ば月では時計が地球よりも速く進み、1 日当たり約
56 マイクロ秒速くなります。正確な時差は時計が
どこにあるか、たとえば時計が月周回軌道上にある
か月面にあるかによっても異なります。

そして非常に重要な問題の 1 つは、月標準時がそこ
で作業する宇宙飛行士にとって有益かつ有効である
かどうかだと ESA の当局者、ベルンハルト・フー
フェンバッハ氏は述べています。

「これはかなり大きな挑戦となるでしょう」フーフ
ェンバッハ氏は声明の中でそう述べています。フー
フェンバッハ氏は、月の 1 日は地球の 29.5 日分に
相当することを指摘し、月のために有効な標準時を
設定できれば「他の惑星到達地点でも同様のことが
できるようになるだろう」と語りました。

ブライアン・リンがお伝えしました。

Part
4

宇宙を巡る国際関係

Topic 15

どうなる、これからの宇宙

What Will Be The "Space" in the Future?

　今後、人類は宇宙とどのように付き合っていくようになるのでしょうか。ここでは最後に、宇宙先進各国の宇宙に関する行政方針を紹介しながら、宇宙開発の今後について考えてみたいと思います。

　まず、日本の宇宙政策は、2009 年に策定されて以来、数年おきに更新される「宇宙基本計画」を元に進められています。この計画では「自立した宇宙利用大国」となることが目指しており、それに向けたさまざまな施策が検討されています。また、内閣府の宇宙政策委員会が 2017 年にまとめた「宇宙産業ビジョン 2030」では特に宇宙産業に焦点が当てられており、産業が抱える課題を解決し、宇宙産業全体の市場規模の倍増が目指されています。日本では宇宙産業を強化しつつ、宇宙の安全保障にも力を入れた形で政策が展開されることが予想されます。

　一方、宇宙開発技術の最先端を行くアメリカでは、方針として「宇宙優位性の維持」が掲げられています。特に中国とロシアが持つ宇宙利用妨害能力の向上に対する危機感から、宇宙を戦闘領域として位置づけています。2020 年に当時のドナルド・トランプ政権下で策定された、最新の「**国家宇宙政策（National Space Policy of the United States of America)**」では、特に宇宙空間の安全保障利用に重点が置かれています。しかしながらアメリカの宇宙政策の特徴として、その方針が大統領権限である**宇宙政策大統領指示（Space Policy Directive、SPD)** により大きく左右されるため、結果として連続性を持たないことが多々あります。近年は民・軍・商の全分野について議論するための諮問機関、**国家宇宙会議（National Space Council、NSpC)** も運営されており、アルテミス計画着手の端緒、トランプ大統領による SPD-1 への署名も、この NSpC からの勧告が元になっていました。ジョー・バイデン大統領に政権が移ったのちも NSpC は運営が続けられており、バイデン今後政権下でどのような宇宙政策が指示されるのか、注目が集まっています。

日本の隣国、中国では、5年毎に発表される「宇宙白書」（2021年度版表題は「**China's Space Program: A 2021 Perspective（2021中国の宇宙航空）**」）にて「宇宙強国の建設」が加速されていることを喧伝しています。アメリカと比較すると中国は長期政権が続くため、党・国家一体となった中長期計画を推進可能であり、自国で宇宙ステーション「天宮」の開発を進めるなど宇宙分野で飛躍的な発展を遂げています。また国際社会から孤立した宇宙開発を進めているように見える中国ですが、近年はESA（欧州宇宙機関）をはじめ各国機関と宇宙協力協定や了解覚書に署名しており、宇宙空間利用における国際協力にも積極的です。たとえば、東京大学の研究グループも、上記の中国宇宙ステーションでの実験に参加を予定しています。

　他方ウクライナ侵攻を続けるロシアでは、国営企業のロスコスモス社が宇宙開発を担ってきました。しかし長引くウクライナ戦争やアメリカによる経済制裁、ESAでの打ち上げ中止などの影響もあり、宇宙開発の展望は明るくありません。

　他にもESAを始めとして、ドイツ、フランス、インド、韓国などでも宇宙利用の方針が定められており、かつての宇宙競争時代よりも多くの国が宇宙開発に乗り出すことが予想されます。また宇宙開発は各国の政治や経済、安全保障などに大きく関わる分野というだけでなく、災害対策や持続可能な開発目標を実現する手段でもあり、人類共通の財産としての側面も持っています。平和を維持しつつ、今の生活をより豊かにしていく形での宇宙開発が望まれています。

ピックアップ　テーマ🔨を深掘るキーワード

各国政策に関する資料

council 会議、評議会

white paper 白書（政治や経済の状況を知らせる文書。イギリスでは同文書の表紙が白かったことに由来）

outlook 概観（経済状況などをさまざまな視点からまとめた文書）

directive 指令、指示（主に政府機関から出される指示。EUから出される法令を指す場合もある）

policy 政策

program 計画（イギリス英語ではprogramme。planと比較して、より抽象度の高い計画を指す）

未来の宇宙技術

mega-constellation メガコンステレーション（数百から数万機の人工衛星を軌道上に配置し、サービスを展開する構想）

mass driver マスドライバー（軌道上に大量の物資を効率よく打ち上げる装置。低重力な場所での活用が検討されている）

space elevator 軌道エレベーター（物資を惑星表面から軌道上まで運ぶエレベーター。この想想を元に、さまざまな運搬方式が考案されている）

space colonization 宇宙植民（宇宙空間や他惑星への植民活動全般を指す。生存可能空間の構築のほか、食料の供給や医学的問題の解決が必要とされる）

2023 'State of NASA' Address from Administrator Bill Nelson

ビル・ネルソン長官による、2023 年度 「NASA の現在」演説

NASA は毎年 "State of NASA" と題して、同機関がその年までに挙げた成果や翌年の予算編成、そして宇宙開発進展に向けた目標を発表しています。NASA 長官の演説では、NASA の実績を示す PV とともに何が述べられたのでしょうか。

🔊 33

(Video) "Let us continue to dream the impossible dream that now becomes real. Space is for everyone." "We humans really are connected to the universe." "Earth's climate is changing. We have documented the changes."

"And liftoff! Starliner is headed back to space on the shoulders of Atlas."

"The Artemis generation stands ready. Ready to return humanity to the moon, and then to take us further than ever before to Mars."

(Administrator Bill Nelson) Last year was one for the history books. We did what was hard and we achieved what was great: Artemis, DART, the James Webb Space Telescope. And the task before us now is to keep NASA heading onward and upward.

https://www.youtube.com/
watch?v=yTVxELrVfB0

（映像）「もう実現不可能ではなく、叶えることのできるようになった夢を追い続けましょう。宇宙空間はすべての人のものです」「私たち人類は、本当に宇宙とつながっています」「地球の気候は変わり続けています。私たちはその変化を記録に残してきました」

「さあ発射です！　スターライナーはアトラスの肩に乗って宇宙へと戻っていきます」

「アルテミス世代は準備ができています。人類を月に再び送り込み、その次に、今までになく遠い火星へと私たちを連れて行く準備が整っています」

（ビル・ネルソン長官）昨年は歴史に残る年でした。私たちは困難なことを実行し、非常に大きな成果を挙げました。たとえば、アルテミス、DART、ジェームズ・ウェッブ宇宙望遠鏡などです。そして今、私たちの前にある課題は、NASAをさらに前進させ、高みを目指し続けることです。

Starliner　スターライナー［ボーイング社が宇宙ステーションへの商業乗員輸送用に開発中の再利用可能な有人宇宙船］
Atlas　アトラスⅤロケット［スターライナー宇宙船の打ち上げに使われるロケット］
Artemis　アルテミス計画［人類の月面着陸を目標とする有人宇宙飛行ミッション］
DART　二重小惑星進路変更実験［Double Asteroid Redirection Testの略。小惑星が地球に衝突する将来のリスクに備え、人工衛星を衝突させて小惑星の軌道変更を実験するNASAのミッション］
James Webb Space Telescope　ジェームズ・ウェッブ宇宙望遠鏡［2021年に打ち上げられた赤外線観測用宇宙望遠鏡］

Part
4

宇宙を巡る国際関係

And so today, President Biden has released his fiscal year 2024 budget. And I can report that the Biden Administration has requested 27.2 billion dollars for NASA, and that's a 7.1 percent increase compared to last year's 2023 historic budget.

And this budget request reflects the administration's confidence in NASA and its faith in the world's finest workforce. The President's budget will help us continue with regular crewed missions to the International Space Station.

And the space station has taught us how to live and work in space, and is providing groundbreaking research to improve life here on the face of the Earth. It's providing the foundation for commercial space stations and it's paving the way for humanity's return to the Moon.

(Video) "It's a new era of pioneers, star sailors, and adventurers. We're going beyond anywhere we ever went for Apollo."

"Splashdown! Orion, back on Earth." "And there's a lot more coming."

"Our destiny is always to go and see what's further and what's next."

"There are actually metals being bent, shaped, formed to build the things that we're going to use."

"We are going. This is reality." "NASA is at a historic inflection point, poised to begin the most significant series of science and human exploration missions in over a generation." "Astronauts will live and work in deep space and will develop the science and technology to send the first humans to Mars."

Biden Administration バイ
デン政権

そこで本日、バイデン大統領は 2024 年度の予算を
発表しました。そして、私はバイデン政権は NASA
の予算として 272 億ドルを要求していることをお伝
えできますが、これは過去最大だった昨年 2023 年
度の予算と比べると 7.1 パーセントの増加です。

workforce 労働力、従業員

International Space Station
国際宇宙ステーション［1998 年に
軌道上で建設が始まり 2011 年に完
成した、地球低軌道を周回する有人
の宇宙ステーション］

そしてこの予算要求額は、NASA に対する現政権の
信頼と、世界で最も優秀なその人材に対する高い評価
を反映するものです。大統領が要求している予算は、
私たちが国際宇宙ステーションへの定期的な有人ミッ
ションを継続することを後押しすることになります。

pave the way for ～の（ため
の）下地を作る

そして、この宇宙ステーションは、これまで私たち
に宇宙での生活と作業の仕方を教えてくれるととも
に、この地球上での生活を改善してくれる画期的な
研究成果を生み出し続けています。それは商用宇宙
ステーションの土台を築きつつ、人類を再び月へ送
り込むための下地を作っています。

（映像）「これからは開拓者、宇宙の航海者、冒険家
が活躍する新しい時代です」「私たちはアポロ計画
でたどり着いた地点を越えて先に進みます。

Apollo アポロ計画［NASA によ
る人類初の月への有人宇宙飛行計画］

Orion オリオン宇宙船［NASA
の有人ミッション用宇宙船］

「着水です！ オリオンが地球に帰還しました」「そ
して、さらに多くのことが予定されています」

「私たちの定めは常に、さらに遠くにあるもの、次
に起こることを見に行くことです」

「実際に、私たちが使うことになるものを作るため
に、さまざまな金属が曲げられ、整形され、組み立
てられています」

inflection point 転換点
poised 態勢を整えて、覚悟をして

「私たちは進み続けます。それは現実のことです」
「NASA は歴史的な転換点にあり、この時代で最も
重要な一連の科学と人類に関わる探査ミッションを
開始しようとしています」「宇宙飛行士は深宇宙で
生活をして作業し、最初の人類を火星に送るための
科学技術を開発することになります」

"I'm really looking forward to all the science we'll conduct on the moon, the samples we'll bring back, the knowledge we'll gain from understanding the lunar environment better than we ever have before."

"The more nations and companies at the moon, the more we learn, increasing our capabilities while strengthening things right here on Earth."

"We are going to the Moon to learn how to live on other planets for the benefit of all."

"Let's go."

(Administrator Bill Nelson) On April the 3rd, we will announce the crew for the first mission back to the Moon in over a half century. Four astronauts, three from America and one from Canada, will fly around the moon, and they'll test NASA's space launch system, which is a rocket, and the spacecraft called Orion.

And in the coming days, we will reveal the next generation spacesuits for Artemis 3, which is the follow-on mission that will land on the Moon. And it is a spacesuit that the first woman and the next man will wear when they take their first steps on the moon.

American companies in the meantime will soon land payloads on the moon for the first time. And these missions are really challenging and risky. They're going to help us conduct new science. They're vital for the exploration on the moon, to prepare ahead of time, and then beyond the Moon.

deep space　深宇宙［地球の大
気圏より外側の宇宙空間。太陽系あ
るいは銀河系より外の宇宙を指す場
合もある］

「私が月で実施するあらゆる科学活動、持ち帰ることになるサンプル、これまで以上に深く月の環境を理解することで得られる知識に非常に大きな期待をしています」

「月で活動する国や企業の数が増えれば増えるほど私たちはより多くのことを学び、自分たちの能力を高めながら、まさにここ地球上のことも改善できることになります」

「私たちは全人類の利益のため、別の惑星で生きる方法を探るために月へ行くのです」

「さあ行きましょう」

（ビル・ネルソン長官）４月３日、私たちは半世紀以上途絶えていた月着陸ミッションの乗組員を発表します。計４名の宇宙飛行士、すなわちアメリカからの３名とカナダからの１名が月の軌道を周回し、NASAのスペース・ローンチ・システム、すなわちロケットと、オリオンと呼ばれる宇宙船をテストする予定です。

space launch system　スペース・ローンチ・システム［アルテミス計画で使われる打ち上げ用の巨大ロケット］

follow-on　後続の

そして今後数日以内に、月に着陸する後続のミッションであるアルテミス３のための次世代宇宙服を公開する予定です。そしてそれは、史上初の女性と新たな男性が月面に最初の一歩を踏み出すときに着用する宇宙服です。

payload　（宇宙船で運搬される）
観測機器、実験装置

一方、米国のいくつかの企業は、まもなく初めて観測機材を月面に着地させる予定です。なお、これらのミッションは大きな困難を伴う危険なものです。そのミッションは私たちが新しい科学活動を実行するのに役立つでしょう。そのミッションは、事前の準備として月面探査、そしてさらに遠い天体の探査にとって不可欠なものです。

New technology is key for us to explore deep space, and the president has increased NASA's space technology research up to 1.4 billion dollars. And this includes funding for nuclear thermal and nuclear electric propulsion in order to get us faster to Mars.

NASA is laser-focused on Mars, and our Deputy Administrator Pam Melroy has taken the lead on developing and refining our "Moon to Mars" strategy. Now, we're finalizing a process for an evolving architecture. It's a plan that will lay out all that we need to make our vision on Mars a reality.

With the Mars sample return mission, we will bring back to Earth the first ever samples collected from another planet. And these samples will help us answer the ultimate question: was there life on another planet?

At NASA, we explore the heavens, and we're also committed to protecting our planet. We will launch a new generation of satellite missions that will study our planet as a system. New and extensive data will be added to the Earth Information Center, which will monitor conditions here on our home planet. It is like a mission control but for climate and Earth science. And the goal is to make climate data more available and understandable for all people everywhere. We want to protect our planet by better understanding it.

And we must also defend our planet. Last year with DART, we crashed a refrigerator-sized spacecraft into an asteroid, and we altered its trajectory.

nuclear thermal　核熱による
nuclear electric propulsion
原子力電気推進

laser-focused　（レーザー光線
のように）一点に集中する
Moon to Mars strategy　「月
から火星へ」戦略［月探査の成果を
活用して火星への有人飛行を実現す
るという方針］
architecture　基本設計、仕様

Earth Information Center
地球情報センター［温室効果ガスな
どを監視し情報を提供する機関］

私たちが深宇宙を探査するためには新しいテクノロ
ジーが重要であり、大統領は NASA の宇宙関連テク
ノロジーの研究予算を最大 14 億ドルに増額しま
した。そしてこれには、私たちをより早く火星に到
達させるための核熱および原子力電気推進のための
資金も含まれています。

NASA は火星に焦点を絞っており、副長官のパム・
メルロイが「月から火星へ」戦略の開発と改良の指
揮を取ってきました。目下、私たちは進化し続ける
基本設計の仕上げの段階にあります。これは、火星
に対する私たちのビジョンを現実のものにするため
に必要なことをすべて明確にしようとするものです。

火星のサンプル回収ミッションによって、私たちは
史上初めて別の惑星から収集したサンプルを地球に
持ち帰ることになります。そして、このサンプルは、
究極の質問に答えるのに役立ってくれるでしょう。
すなわち、別の惑星に生命は存在したのかどうかと
いうことです。

NASA では、宇宙を探索するとともに、地球環境の
保護にも取り組んでいます。私たちは地球をシステ
ムとして研究する一連の新世代の衛星ミッションを
打ち上げます。新たに広範囲のデータが地球情報セ
ンターに加えられ、それが私たちの故郷であるこの
地球の状況を監視します。それはミッションの管制
に似ていますが、その目的は気候と地球の科学のた
めです。そしてその目標は、気候データをどこの誰
にとってもより利用しやすく、わかりやすくするこ
とです。私たちは地球をより深く理解することを通
して地球を守りたいのです。

そして私たちは地球を防衛しなければなりません。
昨年、DART 実験によって、冷蔵庫ほどの大きさの
宇宙探査機を小惑星に衝突させて、その軌道を変え
ました。

And NASA will try to protect the planet with new missions like the Neo Surveyor to identify threatening asteroids and comets. If we can find them out there far enough away, we can protect our planet.

And so as we are doing this, now, NASA is developing the next generation of greener and cleaner aircraft.

In Aeronautics, which is the first "A" in NASA, we received a billion dollars in the budget. It will help us fly a quiet supersonic flight over land. The needle nose jet, the x-59, it will revolutionize the aviation industry. It's more proof that NASA is an economic engine that supports good paying American jobs.

With our international and commercial partners, we are igniting a global industry. NASA's missions are game changers, but changing the game is in NASA's DNA. No mission is possible without the NASA workforce.

(Video) "And liftoff of Artemis One."

"At NASA, we build on the amazing legacy our workforce has created to guide us where we want to go. The NASA family fuels innovation and helps us make discoveries that will change the world as we know it."

Neo Surveyor ネオ・サーベイ
ヤー［地球を脅かす小惑星を検知す
るために 2028 年に打ち上げが予定
されている宇宙望遠鏡］

x-59 X-59 超音速航空機

ignite 奮起させる、火をつける

legacy 遺産

そして NASA は、脅威となりうる小惑星や彗星を
識別するネオ・サーベイヤーのような新たなミッシ
ョンで地球を守ろうとしています。まだ十分な距離
がある地点でそうした天体を発見できれば、私たち
の地球を守ることができます。

そこで、今 NASA では、このような対策をしつつ、
より環境に優しくクリーンな次世代の航空機も開発
しています。

「NASA」の最初の「A」に相当する航空分野において、
私たちは 10 億ドルの予算を配分されました。その
おかげで、私たちは陸地の上空を超音速で静かに飛
行できるようになるでしょう。先端が細く尖ったジ
ェット機、x-59 は航空業界に革命をもたらすでし
ょう。これは、NASA が経済発展の原動力となって
アメリカ人の高賃金の雇用を支えていることのさら
なる証拠です。

私たちは、国際的な、そして民間企業のパートナー
と協力し、世界的な産業の成長を促進しています。
NASA のミッションは「ゲームチェンジャー（大変
革者）」となることですが、ゲームの流れを変えるこ
とは NASA の DNA に組み込まれています。いかな
るミッションも NASA の職員なしでは不可能です。

（映像）「アルテミス 1 号の打ち上げです」

「NASA では、職員たちが私たちを目的地に導くた
めにこれまで築き上げてきた素晴らしい遺産を土台
にして前進しています。NASA の職員一同はイノベ
ーションを促進し、私たちが知る世界を変えるよう
な発見をもたらすことを可能にします」

"We also understand that diversity drives innovation. And we're committed to strengthening our agency by prioritizing diversity, equity, inclusion, and accessibility through our D.E.I.A. strategic plan and our equity action plan"

"And together we are building a STEM pipeline of the future to continue making history, and enabling the Artemis generation to make this important work its own."

(Administrator Bill Nelson) Pam Melroy, Bob Cabana, and I, are committed to leading NASA as a team. Our NASA team will conduct missions that shape history and inspire humanity. Let's continue to make sure the workforce of tomorrow looks like all of America.

Let's bring inspiration to the first humans who will walk on Mars, and that's the students in the classrooms right now. You should see their eyes light up when they talk about space. And it's moments like these that occurred daily at NASA. It's what we dream, and what we dare to achieve. It's what we build today and prepare to build tomorrow. And it's because of the NASA family.

The state of NASA is growing ever stronger and beaming inspiration across America and throughout the world. Thank you for what you do. Onward and upward.

prioritize　～を優先させる

diversity　多様性［性別、年齢、人種や国籍、障がいの有無、文化や考え方などがさまざまであること］

equity　公平性［組織内での人々の待遇、機会、昇進などが公正に行われること］

inclusion　包括性［組織内のすべての構成員が等しく尊重され、能力を発揮して活躍できている状態］

accessibility　アクセシビリティ［誰でも物理的環境、輸送機関、情報通信などの施設・サービスを円滑に利用できること］

D.E.I.A.　Diversity, Equity, Inclusion, and Accessibility の略

STEM pipeline　STEM教育・キャリアパイプライン［若者や学生が科学（Science）、技術（Technology）、工学（Engineering）、数学（Mathematics）の分野に関心を持ち、学び、キャリアとすることを促すプログラム］

onward and upward　前を向いて進もう、より上を目指していこう

「私たちはまた、多様性こそがイノベーションを押し進めることも理解しています。そして私たちは、D.E.I.A. 戦略プランと公平性アクションプランを通して多様性、公平性、包括性、アクセシビリティを何よりも優先させることにより、組織を強化することに全力で取り組んでいます」

「そして私たちは力を合わせて、新たな歴史を作り続けるために未来の「STEM教育・キャリアパイプライン」を構築中で、アルテミス世代がこの重要な任務を自分たちのものにできるようにしています」

（ビル・ネルソン長官）パム・メルロイ氏、ボブ・カバナ氏、そして私は、NASAを1つのチームとして率いることに尽力しています。このNASAチームは、歴史を形作り、人類に勇気を与えるミッションを実行します。未来の人材がアメリカ全体を代表するよう、引き続き努力していきましょう。

火星を歩くことになる最初の人類を鼓舞しましょう。それは、今このとき、教室で学んでいる生徒たちのことです。その子たちが宇宙について話すときの目の輝きはとても素晴らしいです。そして、このような瞬間がNASAでは毎日のように起こっていました。それは私たちが夢見ていることであり、私たちはそれを恐れずに実現します。そうした夢を今、私たちは構築しており、これからもその夢を構築できるようにする決心をしています。それはNASAの職員一同のおかげです。

NASAの態勢はこれまでにも増して強固になりつつあり、アメリカ全体、そして世界中に刺激を与えています。みなさんの尽力に感謝いたします。さらに先を、上を目指しましょう。

Part
4
宇宙を巡る国際関係

251

解説協力

AXELSPACE

株式会社会社アクセルスペース（https://www.axelspace.com/ja/）
2008年創業。超小型人工衛星の開発・製造から運用までをワンストップ
で手がけるソリューション提案事業（AxelLiner）を展開する。代表の中村
友哉社長は大学時代に CubeSat の開発を手がけ、世界初の CubeSat 打
ち上げに成功している。これまでに打ち上げた衛星は WNISAT-1（株式会
社ウェザーニューズより受託）や RAPIS-1（JAXA より受託）など。自社
運用のための GRUS シリーズも打ち上げており、それを用いた衛星デー
タ活用サービス AxelGlobe（https://www.axelglobe.com/ja）も手がける。

NASA TV と VOAで聞き読み
宇宙の英語ニュース入門

2023年7月15日　第1版第1刷発行

解説協力・株式会社アクセルスペース

編・コスモピア e ステーション編集部

編集協力・藤森智世

装丁・本文デザイン：松本田鶴子

表紙写真：Andrey Armyagov/stock.adobe.com

校正：高橋清貴

英文作成・校正：イアン・マーティン、キャシー・フィッシュマン

本文写真：株式会社アクセルスペース、NASA、stock.adobe.com

発行人：坂本由子

発行所：コスモピア株式会社
　　　　〒151-0053　東京都渋谷区代々木 4-36-4　MC ビル 2F
営業部：TEL: 03-5302-8378 email: mas@cosmopier.com
編集部：TEL: 03-5302-8379 email: editorial@cosmopier.com

https://www.cosmopier.com/　［コスモピア・全般］
https://e-st.cosmopier.com/　［コスモピア e ステーション］
https://kids-ebc.com/　［子ども英語ブッククラブ］

印刷：シナノ印刷株式会社

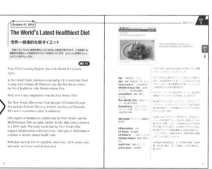
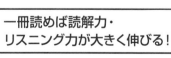

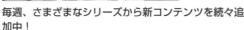